环境教育活动课程
设计与教学

Green Education:
Activity-based Curriculum Design and
Teaching on Environmental Education

上海市师资培训中心 编

校园生态与环境探究

**Campus ecology and
Environment inquiry**

上海教育出版社
SHANGHAI EDUCATIONAL
PUBLISHING HOUSE

编 委 会

主 编

华 夏

副主编

曲莉雯

专家组（按姓氏拼音排序）

陈胜庆　克里斯蒂娜·汉森

凯瑟琳·普朗克　赵才欣

赵洁慧　周增为

编写组（按姓氏拼音排序）

陈胜庆　顾沁华　顾 艳　克里斯蒂娜·汉森

华 夏　李 瑶　陆纯佳　凯瑟琳·普朗克

曲莉雯　沈 巍　苏 娇　王绮慧　张佳宜

张琼晔　赵才欣

目　录

Vorwort I

Bildung für eine nachhaltige Entwicklung soll dazu befähigen, mit Visionen, Phantasie und Kreativität die Zukunft mit ihren Herausforderungen zu gestalten, Neues zu wagen und unbekannte Wege zu erkunden. Dem entsprechend innovativ und vielfältig müssen ihre Methoden sein.

Dafür braucht es Lehrkräfte, die einerseits fachlich kompetent und wissenschaftlich reflektiert sind, um die komplexen Zusammenhänge im Bereich Bildung für eine nachhaltige Entwicklung ihren Schülerinnen und Schülern zu verdeutlichen. Andererseits muss ihr pädagogisches Handeln auch der „Eröffnung von gemeinsamen Möglichkeiten" dienen. Dazu sind spezifische Fähigkeiten notwendig, damit die Potenziale der Umweltbildung als Qualitätsmerkmal der gesamten Schule nachhaltig in ihrer Gemeinschaft verankert werden kann.

Es bedarf deshalb schließlich der Erweiterung der Perspektive von Umweltbildung von einer traditionell nationalen auf eine zunehmen internationale Sicht auf die Thematik: Die Visionen nachhaltiger Entwicklung sind getragen von der Vorstellung, dass menschliches Handeln Auswirkungen auf die Erde als Ganzes hat. Für die transnationale Reichweite lokalen Handelns wird man kaum Beispiele bringen müssen: Saurer Regen, Smog oder Klimawandel sind Beispiele für jene Schlagworte, die dafür ausreichend in den Medien beziffert werden. Deshalb ist Bildung für Nachhaltige Entwicklung trotz unterschiedlicher nationaler Rahmenbedingungen in internationale Diskurse einzubetten.

Aus all diesem anspruchsvollen Zielsetzungen ist eine internationale Kooperationsarbeit zwischen dem Zentrum für Lehrerbildung (LFZ) der Stadt Shanghai, des LFZ Zhejiang und der Universität Passau (Deutschland) entstanden, in der - gemeinsam mit Fachpersonal aus 20 Pilot- Grundschulen in beiden Regionen sowie weiteren ausgewählten Schulen aus den Regionen Yunnan, Xinjiang und Qinghai - die Entwicklung und Implementierung von zehn innovativen Modulen im Bereich nachhaltiger Umweltbildung gelungen ist. Die Module werden zwischenzeitig von vielen Schulen in China als Musterbeispiel für nachhaltige

Umweltbildung für Schulentwicklungsprozesse aufgenommen und umgesetzt.

Neben vielen konkreten Beispielen eines pädagogisch begründeten „Umwelt-Unterrichts" wird schließlich ein wissenschaftliches Fundament für ein Qualitätsmanagement formaler, non-formaler und informeller Bildungsprozesse für BNE geschaffen.

Das Buch richtet sich naturgemäß an Studierende aller Lehrämter, PädagogInnen, SchulleiterInnen, die die Bedeutung und Potenziale von Umweltbildung erkannt haben und durch neue Erkenntnisse tragfähig ausbauen wollen. Es wendet sich gleichermaßen auch an Akteure und ExpertInnen in Schul- oder Verwaltungsbehörden, die mit der Umsetzung einer Bildung für nachhaltige Entwicklung als maßgeblicher Indikator für den Policy-Transfer in China verantwortlich sind.

Eine persönliche Bemerkung am Schluss: Als Wissenschaftlerin durfte ich mit meinem Team schon einige internationale Projekte konzipieren und wissenschaftlich evaluieren. Die Erfahrungen in der Zusammenarbeit mit den chinesischen PartnerInnen zählen für mich aber zu den wertvollsten. Ich habe von den KollegInnen des LFZ in Shanghai unglaublich viel über die Lehrerbildung in China erfahren und war über die pädagogische Professionalität an chinesischen Schulen immer wieder beeindruckt. Bei allen, die an der Realisierung dieses wichtigen Projekts mitgewirkt und es erst ermöglicht haben, möchte ich mich aus ganzem Herzen dafür bedanken, es war eine unglaublich schöne Zeit mit Ihnen.

University of Passau

序 1

可持续发展教育培养的人才，应当能够带着愿景、想象和创造力，迎接未来的挑战，勇敢尝试新事物，探索未知的道路。可持续发展教育的教育方法也必须创新且多样。

这就对教师提出要求，一方面教师要专业能力过硬，善于反思，能清晰地向学生传授可持续发展教育领域的复杂知识；另一方面教师的教育行为必须服务于"开放共同的机遇"，这是对特定能力提出的要求，即把环境教育的发展潜力作为学校整体在其社区可持续发展的质量标志。

环境教育正从传统的本土化视角转向不断国际化的主题视角。可持续发展教育愿景的提出，以人类行为会影响整个地球为基础。本土化行为的跨国界影响，几乎无须刻意使用案例就能证明：酸雨、雾霾或者气候变化，都是媒体广为报道的关键词。所以，尽管各国背景不同，但可持续发展教育已深入国际讨论。

为了更好地落实可持续发展教育目标，上海市师资培训中心、浙江省中小学教师与教育行政干部培训中心和德国帕绍大学（University of Passau）开展国际合作，与来自沪、浙两地的 20 所基地学校以及来自云南、新疆、青海的 5 所基地学校一起，成功开发并实施了可持续发展教育内容的 8 个创新性环境教育模块课程。

项目组在研发具体的"环境教育课程"之余，还构建了对可持续发展教育正式、非正式的教育过程进行质量管理的科学基础。

本套丛书以师范生、教育工作者、教育管理者为主要对象，面向对环境教育的意义和前景有所认识并期待扩充、传授新知识的所有人员。同时，也以教育行政机构的专家们为主要对象，他们是中国可持续发展教育的政策推动人。

最后，我想说，作为一名科研人员，我与我的团队参与过数项国际化项目的理念架构和科学评估。于我个人而言，与中国伙伴们的合作最有意义。从上海市师资培训中心的同行们身上，我了解了中国教师教育的信息、中国学校的教育专业性，且这些给我留下了深刻印象。在此，我衷心感谢所有共同参与并落实本项目的伙伴们，与你们一起工作的时光非常美好！

克里斯蒂娜·汉森　教授

德国帕绍大学

苏　娇（译）

3

序 2

人类社会伴随着政治多元化、经济多维化和教育国际化这三大浪潮走进 21 世纪。这个时期，国家竞争说到底就是人才竞争，而人才竞争就是教育竞争。

那么，21 世纪的学校教育和教育发展观应该是什么？

1996 年，国际 21 世纪教育委员会向联合国教科文组织提交了《教育——财富蕴藏其中》的报告，就是要培养学生学会四种本领，其中最核心的思想是教育应使受教育者学会学习，即教育要使学习者"学会认知 Learning to Know""学会做事 Learning to Do""学会共同生活（学会合作）Learning to Live Together"和"学会生存 Learning to Be"。这一思想很快被全球各国所认可，这"四个学会"成为面向 21 世纪教育的四大支柱，我们的青少年教育应当有这样"四个学会"。

2001 年，联合国教科文组织在日内瓦召开世界教育大会的主题是"学会共生 Learning to Live Together"。这次大会有 188 个国家参加，86 个国家派出了以教育部长为首的代表团参加，说明世界各国都非常重视进入 21 世纪的人类社会的今天要学会共生。与什么学会共生呢？与不同政治制度、不同文化传统的人们学会共生，与在不同经济发展水平的人们学会共生，与不同宗教信仰的人们学会共生，与自然学会共生，与生态学会共生。

2015 年，联合国可持续发展峰会在纽约总部召开，联合国 193 个成员国在峰会上正式通过 17 个可持续发展目标。可持续发展目标旨在从 2015 年到 2030 年间以综合方式彻底解决社会、经济和环境三个维度的发展问题，转向可持续发展道路。

2017 年，中共十九大报告提出"推动构建人类命运共同体""建设一个美好的家园"，强调要重视今天的环境。"绿水青山就是金山银山"的新时代中国发展的环境愿景，具有丰富而深刻的内涵，具有时代价值。

中德环境教育国际研发项目的开展，呈现了人类社会生存与可持续发展的主题，同时，通过开发植入 21 世纪"育人"理念和教育思想的中国环境教育本土化课程来培养青少年的环保意识与素养，脚踏实地地推动了学校教育的时代性探索，践行着中国教育的可持续发展之路。

　　2015 年至今，项目通过丰富多样的方式在不同范围内持续、深入地开展，将上海的环境教育工作者和学生、教师、学校，与长三角地区、中西部地区，乃至中外高校、研究机构、专业单位汇聚在一起，把我们的智慧，把我们的志向，把我们的能力，把我们对孩子、对社会的责任聚焦于一个共同的目标——每一个人"学会共生"，我们的明天会更加美好！

陈永明　教授

上海师范大学

编者按

"我们 21 世纪面临的最大挑战，是要在这期间为地球上的人类实现目前还较为抽象的可持续发展。"——联合国前秘书长安南

联合国在 1992 年通过的《21 世纪议程》中将教育称为可持续发展道路的关键因素，2013 年所有成员国决议共同商讨全球环境和可持续发展议题并作出决策。

2015 年至 2017 年，上海市师资培训中心联合浙江省中小学教师与教育行政干部培训中心、德国帕绍大学（University of Passau）、德国汉斯·赛德尔基金会（Hanns Seidel Foundation）共同开展中德环境教育国际研发项目，这也是经合组织在联合国教科文组织"可持续发展"理念下推进的"应对全球气候变化"的项目之一。本项目通过国际化的创新合作，关注"气候变化"这一全球热点话题，传授先进的环境教育理念与方法，使学校能够结合其办学特色与发展目标，以培养小学生的环境意识为目的，开发小学环境教育课程和教材资源。同时，组织教师培训、研讨交流与学生实践等活动，全面探索跨学科和综合实践课程的理论建构内涵及创新实践教学，助力教师专业发展，为课程研究开辟多元的创新之路。

来自上海、浙江、云南、青海和新疆的中德环境教育国际研发项目 25 所基地学校的教师团队，借鉴德国先进的环境教育理念和方法，在科学方法与学术资料的理解应用、创新课程内容与教学方式的实践探索等方面都取得了突破性的成长与发展。

一、环境教育是当代生态文明精神与素养建设的重要组成部分

随着经济社会的发展和人类生存环境的日益恶化，环境问题已成为 21 世纪人类面临的最突出的社会性问题。重视环境保护、环境教育和公民环境素养的培养是促进我国经济、社会、文化协调发展和提高综合国力的必然要求。

习总书记在党的十九大报告中，全面论述了生态文明建设的阶段性成就、指导思想和战略部署，强调建设生态文明是中华民族永续发展的千年大计。必须树立和践行"绿水青山就是金山银山"的理念，坚持节约资源和保护环境的基本国策，像对待生命一样对待生态环境，形成绿色发展方式和生活方式，为人民创造良好生产生活环境，为全球生态安全作出贡献，这为推动我国生态文明向纵深发展指明了方向和路径。十九大报告更是把生态文明与物质文明、政治文明、精神文明、社会文明并列作为在 21 世纪中叶把我国建成富强、民主、文明、和谐、美丽的社会主义现代化强国的目标之一。

教育部发布的《中小学德育工作指南》，围绕德育目标提出中小学德育的五项主要内容：理想信念教育、社会主义核心价值观教育、中华优秀传统文化教育、生态文明教育和心理健康教育。该指南阐明了生态文明教育就是要加强节约教育和环境保护教育，环境教育要从小抓起，帮助学生树立人与自然和谐相处的环境道德观念，培养他们爱护自然、尊重自然的态度，养成维护生态环境的行为习惯；让这些未来的公民，尽早地建立保护环境的使命感和责任感，真正具备保护环境的自觉性和主动性。这既体现了时代发展的鲜明特征，又符合可持续发展战略的要求，为中华民族的伟大复兴提供不竭的精神动力。

二、项目体现了中国学生核心素养的培养目标

首先，在课程目标方面，中德环境教育国际研发项目与当下中国以培养学生核心素养为目标的基础教育课程改革相一致。基于项目所开发的环境教育课程主要以培养学生的"关键能力"为目标，这既体现了当今环境教育的国际先进理念，同时也与我国当下的基础教育改革理念相吻合。学生核心素养是关于"学生在接受相应学段的教育过程中，逐步形成的适应个人终身发展和社会发展需要的必备品格和关键能力"。例如，项目提倡围绕重要的环境教育主题，以跨学科的活动开展学校的环境教育，其中涉及各领域的人文和科学的知识与技能，从而培养学生的人文底蕴和科学精神，有助于我国学生核心素养的养成与提高。

其次，在课程实践方面，项目主要以跨学科的形式架构课程并以综合实践活动的方式实施课程。在实践方面强调学生综合运用多学科的知识和方法解决生活中与环境有关的实际问题。核心素养主要指向过程，具体表现为"关注学生在其培养过程中的体悟，而非结果导向"。教师教育理念的转变，以及教学方式与课堂实施的新方式将有助于培养学生的关键能力并关注学生表现的过程性变化，从而助力学生核心素养的培养。环境教育是以综合实践活动课程为载体，在培养学生能力的同时也促进了教师在"跨学科教学""挖掘育人价值""课堂教学方式的转变"等方面的专业成长。

三、成果与展望

2017年底，中德环境教育国际研发项目顺利开发了涵盖8个课程模块、15个主题，集"理论指导""教师指导说明""学生活动任务单"为一体的15册"小学环境教育模块课程"教学指导用书（见表1），并广泛应用到教学实践中。

在此基础上，项目组开发了网络课程"绿色学堂：小学环境教育教师培训课程"，于

2018 年开始面向从事环境教育的工作者开放，同时在上海市教师教育管理平台和中国青少年科技辅导员协会"科技学堂"上线，使项目的成果得以更广泛地辐射，进一步推进了环境教育的实践进程。

表 1 "小学环境教育模块课程"教学指导用书

模 块	主 题	学 校
M 1 生物多样性	保护野生动物	上海市金山区兴塔小学
	植物多样性：一份身边植物的资料袋	上海市普陀区武宁路小学
	生物多样性	杭州市萧山区高桥小学
M 2 气候变化	生活中的节能减排	上海市普陀区恒德小学
	蓝天小卫士	上海市杨浦区打虎山路第一小学
	低碳的足迹	湖州市爱山小学
M 3 生态系统	走进身边的生态	上海市浦东新区金新小学
	微生态创客空间	上海市长宁区天山第一小学
M 4 环境保护	护水小达人	上海市浦东新区凌桥小学
	垃圾绿循环	杭州长江实验小学
M 5 资源管理	小小水管家	上海市普陀区朝春中心小学
	让垃圾变资源	上海市实验小学
M 6 环境与健康	校园环境与健康	上海市长宁区愚园路第一小学
M 7 商品生产与消费	生产与消费	绍兴市柯桥区中国轻纺城小学
M 8 城乡发展	城市在变大　乡村在发展	海宁市实验小学

"绿色学堂：环境教育活动课程设计与教学"丛书的汇编出版，既是环境教育国际合作与本地实践的成果汇编，也是抛砖引玉。我们真诚地希望，这套丛书能对从事环境教育的工作者起到些许启发和激励的作用，坚持探索与创新，建设学生喜闻乐见的环境教育课程。中国生态环境的保护呼唤更多人的关心和担当！

华　夏

曲莉雯

理论导读

一、构建以关键能力为核心的活动课程模型

环境教育活动要有序、有效地推进，需要建构活动形态的课程。把环境教育的活动视为课程，它就具有明确的教育目标，能选择适合的活动内容，建立符合小学生心理特征的活动范式，同时还有活动成果的评价方案，形成可持续、可迁移的课程模式，避免教育活动的随意性，同时也有助于小学教师的专业成长。

德国帕绍大学克里斯蒂娜·汉森教授和凯瑟琳·普朗克博士为中德环境教育国际研发项目提供的"环境教育活动课程开发模型"，具有启发性，为参与项目的教育工作者提供了一种全新的课程设计思路和教学模式。

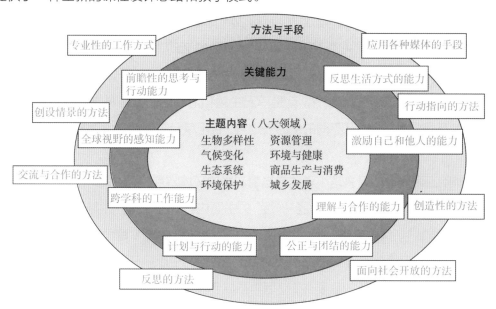

图 1　环境教育活动课程开发模型

环境教育活动课程开发模型以关键能力为核心，由主题内容、方法与手段、关键能力三个同心圆组成。

1. 主题内容

内圆主题内容包含八个环境问题的主题领域，分别是生物多样性、气候变化、生态系统、环境保护、资源管理、环境与健康、商品生产与消费、城乡发展相关的环境问题，另外还包括河流、大气、土壤中的环境问题等。这些现实存在的环境问题发生在小学生身边，是他们能够感觉到的，同时也凸显了环境问题的地域特点。

八个主题内容可以供基地学校根据其教育实践情况和发展目标来选取，指向课程

主题。选择主题内容时应该遵循本土特色。这是一个普遍性的要求，因为只有把当地典型的环境问题展示出来，才会引起学生对真实环境问题的关注，同时可以让学生"看到"和"听到"，能够"感觉"和"体验"。

主题内容的选择可以视为一个相对独立的模块，它既是活动实施的载体，也是成果呈现的平台。环境教育活动课程可以设置若干个模块，由此可以组成一个系列化的环境教育主题。另外，全球性的环境与气候问题既多样又复杂，在学校开展环境教育时，应该在各自的主题内容导引下，确定课程一系列具体的单元主题和活动，为学生的环境教育建立一个具体而现实的环境问题情景，从而对身边的环境问题或现象有深切的感受和理解。例如，一学期的环境活动课程有30个课时，每个课程的主题内容由5~6个单元主题构成，每个单元主题下还有4~5个具体的活动，彼此间具有一定逻辑性，从而构成一个教学与活动的体系，即本丛书案例中的课程设计。

课程主题内容体系的逻辑性，就是单元主题和活动之间要有科学的联系。认识一个具体的环境问题，应该从不同的侧面去理解，若干单元主题都是为理解主题内容而建立的。

例如，上海市金山区兴塔小学结合当地农村的环境特点，围绕保护野生动物的主题开展环境教育，这是从属于"生物多样性"的主题内容。五个单元主题分别是"认识蟾蜍""救救蟾蜍""保护麻雀""濒危野生动物""动物狂欢节"，每个单元主题下又设计了5~6个活动。整个活动课程围绕着保护野生动物的主题展开。学生从关注身边的蟾蜍着手，发现了保护蟾蜍的重要性，随后再拓展到其他野生动物，进一步了解保护野生动物的情况，开展模拟情景剧、摄影展等活动。由此组成的"主题课程—单元主题—活动"设计符合逻辑、互相衔接，同时也逐渐开阔了学生的视野，让学生认识到保护野生动物是一个国际性的话题，也了解到许多国家和国际组织为保护野生动物开展了许多积极的国际合作。

课程活动设计的逻辑性还表现在小学各年级之间的衔接与深化。不同的主题内容适合不同年级段的学生，采用的方法与手段、关键能力的培养目标也有所不同。系统的设计可以在整个小学年级段逐层深入具体内容，从而较全面地提升小学生的环境素养，使他们在升入中学阶段和走向社会以后，真正具备一个公民应该拥有的必备品格和关键能力，以应对全球性环境问题。

2. 方法与手段

方法与手段是指解决环境问题的途径，它包括采用专业性的工作方式、创设情景的方法、交流与合作的方法、反思的方法、面向社会开放的方法、创造性的方法、行动指向的方法以及应用各种媒体的手段八个方面。对于小学生来说，教学方法的多样性和媒体的丰富性是非常重要的，这是由他们的认知特征所决定的。

把"专业性的工作方式"置于第一位，表明环境教育首先要符合科学性，即认识环境问题要有科学的态度与方法，如学会正确的实验方法、数据分析、真实记录、客观描述。环境教育涉及物理、化学、生物、地球科学等领域，不同领域也都有不同的专业方法，如观察、比较、辨认，也会使用不同的测试仪器等，这些都凸显出"专业性的工作方式"的重要性。

"创设情景的方法"也是教师常用的教学方法，通过设置模拟性的情景，让学生感受环境问题的严重性；或者让学生模拟不同的角色，体验不同的人对同样的环境问题会产生不同的想法，懂得尊重与交流的重要性。采取田野调查、社区考察是依托真实的情景，开展情景剧表演和辩论活动是创设模拟情景。

"交流""合作""反思"这些方法都是培养学生在未来社会中处理问题必备的能力与态度，提示我们的教师不能把环境教育简单地理解为"讲述""传授""接受"的过程。

从学校走向社会、走向自然界，是一种"面向社会开放"的方法，学校要组织学生走进社区、走进自然，去发现真实的环境问题。"创造性的方法"已经被许多教师所关注，在活动过程中教师要鼓励学生进行大胆的设想，能发表独特的见解，并且帮助学生实现创造。

"行动指向的方法"需要结合对"行为导向型教育理论"的理解。这里的"行动"不是指某些物质意义上的学习行为，而是有意识、有目标、有计划的学习活动。当学习内容是行为导向型的，当学习者独立地学习相关内容并与他人一起变得积极，他们会更容易获得重要的关键能力。比如团队中与他人共同计划、行动，认识复杂的联系，系统全面地思考，感同身受等，形成各种可持续发展教育中所体现的关键能力。"为了行为学习，通过行为学习"，可以理解为学习者实现有能力的行为，促进动机的、与自我相关的、认知的过程。从行动到行为导向型课堂，需要明晰"学生独立完成什么事情""学习的价值在哪里""使用价值在哪里"之间内在的发展与逻辑关系，关注"行为能力"的构成，即"专业能力"（知识技能和判断）、"方法能力"（行动和学习）、"社会能力"（分享和传播）、"个人能力"（责任和评估）。因此，行为导向型课堂的实施可以围绕项目课程，把活动内容聚焦为一个可以实现的项目来展开；可以采用开放式课程，走出课堂、走出学校，浸润体验校外的开放式教育、开放式教室，如专业场所的体验馆等；可以采用站点式学习，循环训练，即有针对性的循环式学习；可以是基于问题的学习、混合学习、通过教学来学习、计划游戏等。

运用各种教学媒体是开展环境教育活动的必备手段，包括网络环境下的多媒体演示设备、各种实验室、温室植物园、气象观察站、PM2.5 测试仪，等等。同时还包括运用社会资源，如科技馆、自然博物馆、动物园、植物园等公共资源，还有利用附近的污水处理厂、现代农业园区等可以让学生参观的场所。

环境教育方法与手段的多样化，将有利于教育目标的达成，有利于培养具备国际视野、具有现代环境素养和关键能力的中国学生。

3. 关键能力

关键能力是环境教育活动达成的目标，在克里斯蒂娜·汉森教授设计的环境教育活动课程开发模型中，称作 Competency（能力、胜任力等），其含义与我国学生发展核心素养中提到的关键能力是相通的。一名具有环境素养的社会公民，应该具备哪些关键能力呢？项目组在实践中提炼出以下八项关键能力：前瞻性的思考与行动能力、全球视野的感知能力、跨学科的工作能力、计划与行动的能力、公正与团结的能力、理解与合作的能力、激励自己和他人的能力、反思生活方式的能力。这八个方面组成了一名学生面对全球性环境问题的关键能力。

八个待研发的环境教育主题内容需运用一定的方法与手段来实现环境教育所要培养的关键能力。因此，环境教育活动课程开发模型的三个圆环是互相联系的：主题内容是环境教育系统中的"输入"，而关键能力是环境教育系统中的"输出"，方法与手段是实施环境教育的途径。在环境教育活动的实施过程中，内容的输入是为了培养学生的关键能力，也是环境教育活动的目标。反思过去进行的环境教育，往往存在注重环境知识的传授而忽视关键能力培养的情况，在教育形式上也偏重于课堂中的讲授，而忽视课外实践和社会体验活动的多元化开展。

关键能力作为环境教育活动课程的培养目标，既包括学生的行为能力，如前瞻性的思考与行动能力、计划与行动的能力等；也包括情感因素，如理解与合作的能力、激励自己和他人的能力等；还包括态度与价值观，如公正与团结的能力、反思生活方式的能力等。关键能力的培养需要在必要的知识理解的基础上完成，但是环境知识的获得并不是环境教育活动的全部结果。

在本丛书中，为了准确地体现与表达关键能力的培养内容，各基地学校的案例中均有对课程总体目标和课标要求的表述与对应。

二、基于环境教育课程的活动设计

这里的活动设计是针对环境教育课程中的单元主题下每个活动学习过程的设计。以关键能力培养为导向，通过一定的方法与手段将行为有效地贯穿于学习活动全过程，展示了一种落实环境教育关键能力目标的技术路径。

活动设计强调教师要关注学生的自主体验，通过一定的方法与手段引导学生对知识与技能的认识和获得，使学生能够运用各学科知识，认识、分析和解决现实问题，建立学习与生活的有机联系。教师要避免仅从学科知识体系出发进行活动设计。

1. 教为学服务，实现教学互动

教学设计一般有以下几种思路：一是从"教"的角度，将知识与技能按程序化作讲授主题，以教程特征来进行设计；二是从"学"的角度，将知识与技能设定为未知的问题，针对问题进行探究，关注学生的自主体验而设计；三是主张"教为学服务"的课堂形态，不仅关注学生的自主体验，也强调教师要通过一定的方法与手段引导学生对知识与技能的认识和获得，关键能力的培养将作为纽带推动学习过程中的每一个环节，从教与学互动的角度，将学生的学程与教师的教程互为对应，从而实现学教互动。本课程聚焦于关键能力目标，强调互动，定位在活动设计。

2. 全程设计，落实目标导向和行为贯穿的指导思想

全程设计包括如下含义：一要遵循认知规律，将行为引导与认知本性相融合，使现代科学的学习方法论贯穿于活动全过程；二要遵循系统方法，把学习活动的元认知因素组合成一个系统，"学、问、思、辨、行"都能围绕主题或问题展开，确立合理的程序纲要，力求教学效果最优化；三要服务于立德树人目标，每个学习活动和教学指导的背后，对如何培养关键能力都有相应说明；四要体现全涵盖要求，能够将单元主题设计和活动设计互相照应，将"树木"与"森林"组成一家，使每一棵树都有原生态的归属感。

3. 单元设计要素齐全，活动设计环节清晰

单元设计指向整个单元主题的目标、行为、路径、技术、检验等方面，是对如何开展学习活动的预设。单元设计要明确反映这些系统性诉求，其有十个要素。表1以"家乡的生态环境"单元设计为例，展示了这十个要素的具体内容，解释各自含义。

表1 "家乡的生态环境"单元设计（节选）

设计要素	指导意见	举例释义
单元主题目录	一个完整的环境教育课程有5~6个主题单元，每个主题单元下还有4~5个具体的活动，同时对应相应的课时数。	**课程主题：走进身边的生态** 单元主题一：我梦想中的绿色小区 活动1：小组设计一个绿色小区模型（1课时） 活动2：绿色小区创意行宣传活动（2课时） …… 单元主题二：小镜头中的家乡生态 活动1：家乡生态的摄影比赛（3课时） 活动2：身边的青山绿水（2课时） ……
课标要求	回应课程标准、课程纲要与大纲。	回应《自然课程标准》《品德与社会课程标准》《中小学生环境教育专题教育大纲》《中小学综合实践活动课程指导纲要》《中小学环境教育实施指南》《小学科学课程标准》《上海市小学科学与技术课程标准》等的要求。
对照学科专业	具体学科中的主要专业指向。	自然、技术、美术、语文等学科中的相关内容。
关键能力目标	针对上述相关"关键能力"落实要求。	前瞻性的思考与行动能力：参与对生态环境改善的讨论，以及绿色小区设计等活动。 全球视野的感知能力：通过网络或书籍阅读，了解生态保护的世界问题与现状等。
方法与手段	参考八种"方法与手段"。	专业性的工作方式：体验生态学研究方法，学习生态样方调查法等。 创设情景的方法：在真实情景中寻找生态知识和生态问题。
学业评价设计	形成性评价、终结性评价与表现性评价兼顾。	学习档案袋：评价生态环境调查活动等记录，分析积累的过程体验。 项目活动的结果：对照目标评价所有活动结果（摄影、小报、模型等）。
活动空间	创设实践工作坊，鼓励跨学科实践和能力迁移。	主题与行动融合：为家乡的环境改善成立"生态保护志愿者"小组。 行动计划拓展：为社区分发或在社区宣传窗张贴《生态保护小报》。
材料与资源	包括课内和课外学习所需。	课内：教学挂图、视频等。 课外：生态调查需要的工具和耗材等。

（续表）

设计要素	指导意见	举例释义
校内合作	跨学科研究和行政保障。	成立环境教育联合教研组、校长参加等。
校外合作	争取社会场馆和企业的支持。	参观苏州河梦清园环保主题公园等。

活动设计是指在单元主题教学设计的框架下，具体落实每个活动的目标任务，需要针对目标导向有比较完整的流程设计。

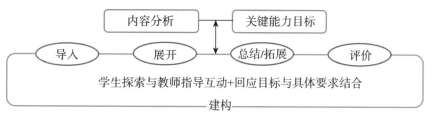

图2 单个活动设计流程图

单个活动设计需要有上述基本环节要求，并形成结构性关系，以引导具体的教学活动，具体可见表2的示例。

表2 家乡的生态环境（单元主题）：我们的"生态小报"（单元活动）

		学生活动	教师指导要点	要求说明
活动过程	导入	交流以前对生态环境的学习认识，了解编报要求。	组织学生交流，对交流情况进行鼓励。	巩固前几节课的学习成果。
	展开	① 搜索学习小报样本，选择一个参考样本。 ② 讨论编报任务分工。 ③ 按分工活动：搜集资料、选择图片、电脑打字等。 ④ 根据小报版式进行编辑。 ⑤ 在教师指导下完善小报，并参与交流。 ⑥ 开展大组评价，评选出最佳"生态小报"。	① 出示学生编辑的学习小报，引导学生观摩比较。 ② 指导制作小报的基本任务。 ③ 巡视指导，针对资料内容提出相关建议。 ④ 指导分栏目编报的技术和策略。 ⑤ 针对不同小组的"生态小报"予以评议，提出完善建议。 ⑥ 组织学生对不同小组编写的"生态小报"开展评选。	依照活动目标（关键能力培养目标），按"学教互动"的思路组织师生活动。教师将对学生的评价与鼓励贯穿在整个活动中。
	总结／拓展	交流编报的收获，在校园橱窗中展示"生态小报"，或借助网络开展网上交流等。		
活动评价		针对学生实践活动的达标情况进行评价，对有创新和亮点的学生予以鼓励。		

4. 活动任务单，服务学生行为的学程导向

活动任务单是为学生活动行为流程有效化所提供的指导设计，可以有效落实学生实践活动的开展，一般要有明确的任务、要求、实践、检验四点要求。回应上述"生态小报"编写任务，表3所列的活动任务单即为一种示例。在具体设计中，可以按项目长作业的形式，提供一些参考资料或资源平台。评价环节可以通过交流展示、分享评比等形式进行。

表3 "生态小报"活动任务单

搜集小报样本	每人搜集1~2份适合的小报样本
选择小报题目	题目要符合生态环境保护思想
讨论小组分工	根据任务，具体分工到人（3~4人一组） A： B： C： D：
开展小报制作	可以借助电脑
参与交流展示	对题目、内容、栏目等进行介绍
开展互相评价	小组间相互评价

如何具体呈现上述活动设计要素，可根据不同主题特点进行调整，鼓励创新。

克里斯蒂娜·汉森　凯瑟琳·普朗克

陈胜庆　赵才欣　华　夏　曲莉雯　苏　娇

第一篇

走进身边的生态

面对资源约束趋紧、环境污染严重、生态系统退化的严峻形势，我们的孩子们必须树立尊重自然、顺应自然、保护自然的生态文明理念。我们梦想中的生态校园是什么样的？植物对我们有多重要？我们的校园生活会产生哪些污水？我们能做些什么来护水爱水？如何种植生态作物？在我们的共同努力下，我们身边的校园究竟有多美呢？为了引领学生亲近自然，呵护他们与生俱来的好奇心，能够走出教室，走近、走进身边的生态，学校需要多为学生创造丰富的环境教育探究实践活动。

01 主题内容

"走进身边的生态"分为五个主题，分别是"校园里的生态环境""校园里的生态植物""校园里的水生态""校园里的生态作物""校园里的生态美景"。每个主题下有 4~5 个活动，都围绕"走进身边的生态"这个模块主题来设计，将知识探究、实践活动、学科融合等多种学习形式结合起来，帮助学生提高环境素养。

02 总体目标

本篇内容通过引导学生观察，发现校园中的生态美（生态植物、水生态、生态作物）及如何处理校园中的生态环境问题，逐步培养学生树立正确的生态观念、培育符合可持续发展的生态文明、掌握初步的生态系统知识、具有多样化的生态探究活动体验经历，成为顺从国际化发展的现代公民。

03 课标要求

《中小学环境教育实施指南》

1.4.4　引导学生主动参与解决环境问题，培养学生的环境责任感。

3.3.1.1　1 至 6 年级自然生态方面的内容与要求及活动建议。

3.4.2.2　设计形式多样的环境教育活动。

04 评价方式

形成性评价、终结性评价和表现性评价。

后续的单元主题活动案例为本篇课程设计内容的节选,具有一定的代表性,较全面地诠释了环境教育活动课程设计的思路以及"主题内容"与"单元主题"和每一个"活动"之间的逻辑关联,同时也体现了每个活动学习过程的具体设计,可供参考。

课程名称		**走进身边的生态** 关键词:生态环境　植物　水			
学　段	小学三年级	课时量: 29 课时 (35 分钟 / 课时)			
		时　间: 一学年			

活动内容

单元主题	活　动	课时数	关键能力	方法与手段	
一、校园里的生态环境	活动 1　小镜头中的生态校园	1	理解与合作的能力 反思生活方式的能力	专业性的工作方式 创设情景的方法	摄影实践
	活动 2　校园环境与我们	2	全球视野的感知能力 跨学科的工作能力 理解与合作的能力 反思生活方式的能力	专业性的工作方式 创设情景的方法 交流与合作的方法 反思的方法	调查实践 网络调查
	活动 3　我梦想中的生态校园	2	前瞻性的思考与行动能力 激励自己和他人的能力 反思生活方式的能力 跨学科的工作能力	反思的方法 创造性的方法 行动指向的方法 应用各种媒体的手段	绘画畅想 征文活动
	活动 4　争当"创新小精灵"	1	公正与团结的能力 激励自己和他人的能力 反思生活方式的能力	反思的方法 行动指向的方法 应用各种媒体的手段	评比争优
二、校园里的生态植物	活动 1　大树和小树都是朋友	1	激励自己和他人的能力 反思生活方式的能力	创设情景的方法 反思的方法	情景剧表演
	活动 2　我认养的树朋友	1	前瞻性的思考与行动能力 反思生活方式的能力	交流与合作的方法 面向社会开放的方法	实践体验
	活动 3　四季不同的野花	1	跨学科的工作能力 激励自己和他人的能力	专业性的工作方式 应用各种媒体的手段	网络调查
	活动 4　植物对我们有多重要?	1	前瞻性的思考与行动能力 全球视野的感知能力	专业性的工作方式 交流与合作的方法	调查实践
	活动 5　争当"护绿小精灵"	1	公正与团结的能力 激励自己和他人的能力	反思的方法 行动指向的方法	评比争优

（续表）

单元主题	活　动	课时数	关键能力	方法与手段	
三、校园里的水生态	活动1　校园生活也产生污水	1	前瞻性的思考与行动能力 理解与合作的能力	创设情景的方法 交流与合作的方法	调查实践
	活动2　污水破坏了生态环境	1	前瞻性的思考与行动能力 跨学科的工作能力	专业性的工作方式 应用各种媒体的手段	网络调查
	活动3　校园内的"生态池塘"	1	前瞻性的思考与行动能力 理解与合作的能力	创设情景的方法 交流与合作的方法	方案设计
	活动4　保护水生态——从我做起	1	全球视野的感知能力 理解与合作的能力 反思生活方式的能力	专业性的工作方式 交流与合作的方法 反思的方法 行动指向的方法	调查实践 材料搜集
	活动5　争当"节水小精灵"	1	公正与团结的能力 激励自己和他人的能力 反思生活方式的能力	反思的方法 行动指向的方法 应用各种媒体的手段	评比争优
四、校园里的生态作物	活动1　生态作物的种植	2	前瞻性的思考与行动能力 计划与行动的能力 理解与合作的能力	专业性的工作方式 交流与合作的方法 应用各种媒体的手段	种植实践
	活动2　生态作物的营养	2	前瞻性的思考与行动能力 跨学科的工作能力 理解与合作的能力 计划与行动的能力	专业性的工作方式 交流与合作的方法 创造性的方法	实践体验 网络调查
	活动3　生态作物"冷餐会"	1	跨学科的工作能力 理解与合作的能力 计划与行动的能力	专业性的工作方式 行动指向的方法 面向社会开放的方法	开放活动
	活动4　争当"种植小精灵"	1	公正与团结的能力 激励自己和他人的能力 反思生活方式的能力	反思的方法 行动指向的方法 应用各种媒体的手段	评比争优

（续表）

单元主题	活动		课时数	关键能力	方法与手段	
五、校园里的生态美景	活动1	寻找校园之美	1	公正与团结的能力 激励自己和他人的能力	创设情景的方法 交流与合作的方法	观察实践
	活动2	歌颂校园之美	2	计划与行动的能力 激励自己和他人的能力	专业性的工作方式 创造性的方法	诗歌创作 诗歌朗诵
	活动3	设计"校园生态节"	2	前瞻性的思考与行动能力 计划与行动的能力	专业性的工作方式 创造性的方法 应用各种媒体的手段	调查设计
	活动4	争当"环保小精灵"	1	公正与团结的能力 激励自己和他人的能力 反思生活方式的能力	反思的方法 行动指向的方法 应用各种媒体的手段	评比争优

单元主题活动案例 👆

主题一：校园里的生态环境

"校园里的生态环境"这一主题是从我们身边的校园生态出发，引导学生对校园生态现状进行反思，从而提升生态校园的保护意识。这部分主要围绕以下4个问题来开展单元主题活动。

我眼中的校园生态如何？（摄影活动）

在优美的校园环境中，同学的表现怎么样呢？（调查报告）

我梦想中的生态校园是什么样的？（绘画、征文）

我们在融入生态校园活动的表现怎么样？（争章活动）

01 活动目录

活动1 小镜头中的生态校园

活动2 校园环境与我们

活动3 我梦想中的生态校园

活动4 争当"创新小精灵"

02 活动空间

学校创建"绿色小精灵"生态环境教育探索区作为环境实践探究活动空间，学生将主题知识与对未来的愿景和行动计划相融合，通过不同的行动改善问题。他们种植有机植物，对比常规作物与有机植物的不同生长规律；探究保持生态水池的生态平衡的方法；打造梦想中的"生态区域"。这些都是以行动为导向实现所学知识和所培养能力的迁移与可持续运用。

03 活动资源

校内合作

　　各学科的专业师资：探究课、语文课、信息技术课、美术课等教师。

　　学校管理层：学校探究总辅导员带头开展实践活动。

　　学校生态园区。

校外合作

　　家长志愿者。

活动1　小镜头中的生态校园

一、活动简介

　　从身边的校园生态出发，更贴近生活。本活动以家长志愿者带领学生走进校园，观察校园的生态环境；以照片记录的活动形式来吸引学生眼球，引导他们对校园生态现状进行反思，从而提升生态校园的保护意识；最后以小组合作制作PPT的活动形式进行梳理和表达交流。

二、关键能力的培养

1. **理解与合作的能力**：了解校园生态环境的基本组成，体验小组互动的探索过程。
2. **反思生活方式的能力**：在校园生态环境保护方面，以先进典型为榜样，反思自己的生活，从而指导自己的行为。

三、方法与手段

1. **专业性的工作方式**：使用一定的摄影技术，寻找校园中保护生态的行为。
2. **创设情景的方法**：在真实校园情景中，寻找值得肯定和发扬的行为。

四、活动材料

1. **活动材料与工具**：数码照相机、电脑、投影仪。
2. **活动任务单**：摄影实践记录表、PPT汇报评价表。
3. **活动总评价表**："小镜头中的生态校园"活动总评价表。

五、活动方案

（一）活动时间：1 课时

（二）活动过程

学生活动	教师指导要点	要求说明
一、导入 1. 交流学校生态特色。 2. 准备活动工具。 3. 了解制作 PPT 的要求。	出示、介绍学校生态特色内容。	准备好活动工具，明确活动任务与步骤。
二、探究活动 1. 分组，分配家长志愿者。 　走进校园，按先前分好的小组，在家长志愿者的带领下进行拍摄交流。 2. 组内分工。 （1）每个组员按学习单认领小任务。 （2）讨论制作 PPT（筛选照片、电脑打字、美化编辑 PPT、主题演讲）。 （3）推选汇报成员。 3. 班级交流、点评。 （1）小组代表轮流上台演讲。 （2）按汇报评价表的内容进行打☆评价（每组有 6 个评价表，对其他小组分别打☆评价）。 （3）每组代表公布自己打☆的情况，供教师统计整理。 （4）获得☆最多的小组被评为"最佳摄影团队"，集体给予掌声，以资鼓励。	出示任务单，说清拍摄要求、拍摄时间以及集合地点。 指导制作 PPT，针对资料内容引导文字描述，指导美化制作策略，针对不同小组的汇报予以评议，提出完善建议。 分发评价标准，组织学生对不同小组制作的汇报内容开展评选活动，搜集整理评价表，统计出获☆最多的小组。	通过小组分工合作，发挥各组员特长，培养理解与合作的关键能力，为完成任务打下扎实基础。 （见活动任务一） 在参与全班评价的过程中，观看各组展示的 PPT 后触发感受，学习良好的环保行为，反思自己行为的不足之处，从而改善自己的行为习惯，养成反思生活方式的能力。 （见活动任务二）
三、总结与拓展 　学生交流在本次活动中的收获与体验，反思自己行为的不足之处。	教师小结评价本次主题活动，组织学生交流心得与体会。	在参与全班总结交流的过程中增强生态环保意识，反思不足，收获经验。

（三）活动任务

任务一：拍摄校园中的生态美景

1. 任务目标

　　寻找校园中的生态美景。

2. 任务内容

　　（1）学生借助拍摄仪器分组活动，并合作完成摄影实践记录表。

　　（2）家长志愿者带队活动。

摄影实践记录表

活动主题	小镜头中的生态校园		
小组名称			
组长			
组员和分工			
拍摄要求	拍摄时间		
	拍摄地点	☐ 操场　☐ 绿化区域　☐ 生态探究区　☐ 教学楼 ☐ 食堂　☐ 学校剧场　☐ 室外场馆（体操房、图书馆）	
	拍摄类型	☐ 植物绿化　☐ 环境设施　☐ 学生行为 ☐ 其他（　　　　）	

任务二：汇报交流校园中的生态美景

1. 任务目标

欣赏校园中的生态美景，学习正确的环保行为。

2. 任务内容

（1）制作校园生态美景PPT。

（2）小组代表上台汇报。

（3）每组听完汇报内容后给其他小组进行打☆评价，完成PPT汇报评价表。

PPT汇报评价表

标准	说明	评价
主题内容	1. 主题明确 2. 照片丰富	☆ ☆ ☆ ☆ ☆
版面设计	1. 版式精美 2. 动态效果好	☆ ☆ ☆ ☆ ☆
表达交流	1. 表达流畅 2. 仪态自然	☆ ☆ ☆ ☆ ☆

"小镜头中的生态校园"活动总评价表

活动满意度（打"√"）	优秀	良好	须努力
通过相互合作，能够顺利完成交流汇报校园生态环境的任务			
通过对校园生态环境的了解，能够意识到保护生态环境的重要性，反思自身不足，愿意为保护生态环境出一份力			

小镜头中的生态校园

小镜头中的生态探究区

活动 2　校园环境与我们

一、活动简介

　　环境与我们的学习和生活息息相关，我们一时的不文明现象将会给环境带来巨大的破坏。本活动共分为 2 个课时，第 1 课时主要引导学生去寻找校园中的不文明现象，并记录描述这些现象的改进措施，反思自己在这方面做得怎么样。第 2 课时在前一课时的基础上，通过网络调查研究如果我们生活的大环境遭到破坏，人类将会受到哪些伤害，我们人类可以做些什么。本主题活动的最终目标是引起学生对生存环境的重视，反思自己行为的不足之处，明确自己还可以为保护生态环境做些什么。

二、关键能力的培养

1. **全球视野的感知能力**：通过网络调查，了解生态保护的全球性问题。
2. **跨学科的工作能力**：利用信息技术，理解生态环境的破坏对人类产生的危害。

3. **理解与合作的能力**：寻找保护生态环境的方法，体验小组互动的探索过程。

4. **反思生活方式的能力**：对人们在生态环境保护方面的不良行为有认识，能主动学习环保知识，也能注意以身作则。

三、方法与手段

1. **专业性的工作方式**：通过实践调查和网络调查的方法，研究生态环境与我们之间的关系。

2. **创设情景的方法**：在真实情景中寻找生态问题。

3. **交流与合作的方法**：小组合作，调查生态环境破坏将对人类产生的危害，并积极寻找解决方法。

4. **反思的方法**：在生态环境调研中针对发现的问题进行自我反思。

四、活动材料

1. **活动材料与工具**：电脑、投影仪、贴纸。

2. **活动任务单**：寻找校园里的环境问题调查记录表、网络调查记录表。

3. **活动总评价表**："校园环境与我们"活动总评价表。

五、活动方案

（一）活动时间：2课时

（二）活动过程

学生活动	教师指导要点	要求说明
第 1 课时		
一、导入 交流上节课对生态环境学习的认识，了解本节课的调查要求。	组织学生交流，对交流情况进行鼓励。	巩固上节课的知识，明确本节课的任务。
二、探究活动 1. 调查实践。 （1）分小组。 （2）根据调查表的内容到校园里的各个区域进行调查研究，寻找校园中的不文明现象并记录。 2. 归纳、整合资料。 小组按照先前的调查内容进行归纳整理，分析发现的这些不文明现象该如何改进。	指导学生搜集信息，明确调查时间。 巡视指导，引导归纳、整理汇报内容。	通过寻找发现保护生态环境的方法，体验小组互动的探索过程，培养理解与合作的能力。 （见活动任务一）

（续表）

学生活动	教师指导要点	要求说明
3. 准备汇报活动。 在教师指导下完善汇报材料，确定汇报组员，演练汇报内容。 4. 评价活动。 （1）小组依次汇报找到的问题以及这些问题将对生态环境产生的危害。 （2）开展大组评价，评选最佳"调查团"，用贴贴纸的方法进行评选，最终贴纸最多的小组获得表彰。	针对不同小组的汇报予以评议，提出完善建议。 组织学生对不同的调查汇报内容开展评选。	通过汇报交流对人们在生态环境保护方面的不良行为有所认识，能够主动学习环保知识，也能注意以身作则地保护生态环境，从而逐渐培养反思生活方式的能力。 （见活动任务二）
三、总结与拓展 根据实践调查内容以及观摩其他小组的汇报内容进行反思与思考——在校园生活中我还有哪些地方做得不足？可以如何改进来保护我们的生态校园？	组织学生交流、反思，总结整个活动内容。	在参与全班总结交流的过程中，增强生态环保意识，反思不足，收获经验。
第 2 课时		
一、导入 交流上节课的学习内容，了解本节课网络调查的要求。	组织学生交流，对交流情况进行鼓励。	巩固上节课的知识，明确本节课的任务。
二、探究活动 1. 网络调查。 （1）分小组。 （2）根据学习单内容进行网络调查研究活动。 2. 归纳、整合材料。 （1）小组交流各自调查的内容及解决方法。 （2）筛选、归纳、整合有用信息。 （3）制作最终汇报材料。 3. 准备汇报活动。 （1）在教师指导下完善汇报内容。 （2）确定汇报组员。 （3）演练汇报内容。 4. 评价活动。 （1）小组按顺序依次汇报各自调查的内容以及找到的解决方法。 （2）开展大组评选，评选最佳"IT 团"，获得贴纸最多的小组获胜。	指导学生筛选有用信息。 巡视指导，引导归纳和整理汇报内容。 针对不同小组的汇报予以评议，提出完善建议。 组织学生对不同的调查汇报内容开展评选。	通过网络调查，了解生态保护的全球性问题，培养全球视野的感知能力。 （见活动任务三） 寻找发现保护生态环境的方法，体验小组互动的探索过程。 利用信息技术了解生态环境破坏将对人类产生的危害，培养跨学科的工作能力。 （见活动任务四）
三、总结与拓展 反馈交流本节课的学习心得体会。	组织学生交流，对交流情况予以评价，对整个主题活动进行总结性发言。	对人们在生态环境保护方面的不良行为有所认识，能主动向环保先进分子学习，也能注意以身作则。

（三）活动任务

1. 任务目标

寻找校园中的不文明现象。

2. 任务内容

分小组活动，根据调查表的内容到校园里的各个区域进行调查研究，寻找校园中的不文明现象并作记录。

"寻找校园里的环境问题"调查记录表

小组组名	组长	组员

发现的问题	改进的措施

任务二：汇报演说

1. 任务目标

提出校园不文明现象的改进措施。

2. 任务内容

校园里有哪些环境问题？如何来改进？

每一小组：

（1）交流活动中发现的问题。

（2）提出可以改进的措施。

（3）开展小组评价，评选最佳"调查团"，用贴贴纸的方法进行评选，最终获得贴纸最多的小组获得表彰。

任务三：网络调查

1. 任务目标

寻找保护生态环境的方法。

2. 任务内容

保护生态环境，我们可以做些什么？

（1）分小组调查研究。

（2）完成学习任务单。

网络调查记录表

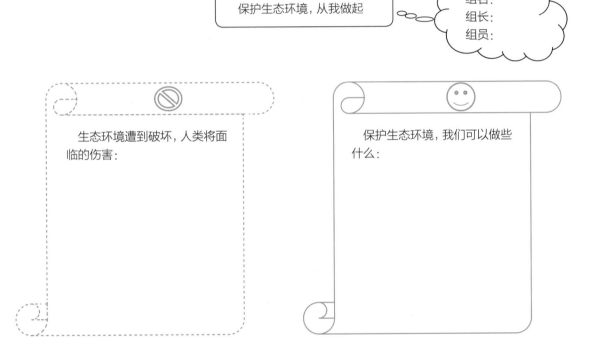

保护生态环境，从我做起

组名：
组长：
组员：

生态环境遭到破坏，人类将面临的伤害：

保护生态环境，我们可以做些什么：

任务四：汇报演说

1. 任务目标

保护生态环境，从我做起。

2. 任务内容

生态环境遭到破坏，人类会面临何等的伤害？我们应该做些什么？

每一小组：

（1）按顺序依次汇报各自调查的内容以及找到的解决方法。

（2）开展大组评选，评选最佳"IT团"，获得贴纸最多的小组获胜。

"校园环境与我们"活动总评价表

活动满意度（打"√"）	😀 优秀	😐 良好	😟 须努力
通过网络调查，基本了解生态保护的全球性问题			
利用信息技术，了解生态环境破坏将对人类产生的危害			
通过小组互动，寻找发现保护生态环境的方法，培养合作探索的能力			
通过总结交流，对人们在生态环境保护方面的不良行为有所认识，能够主动学习环保知识，也能注意以身作则			

寻找校园中的生态问题

寻找校园中的生态问题

主题二：校园里的生态植物

"校园里的生态植物"这一主题旨在通过认识身边的植物，了解人类与植物的关系，体会人与植物和谐相处的重要性。主要围绕以下 5 个问题开展单元主题活动。

怎样和植物伙伴们做朋友？（情景剧）

认养一棵小树苗，我们应该做什么？（认养活动）

野花背后的小知识，你知道多少？（网络调查）

植物对我们有多重要？（调查报告）

我们在保护植物的过程中表现如何？（争章活动）

单元主题活动案例

01 活动目录

活动 1　大树和小树都是朋友

活动 2　我认养的树朋友

活动 3　四季不同的野花

活动 4　植物对我们有多重要？

活动 5　争当"护绿小精灵"

02 活动空间

"绿色小精灵"生态环境教育探究区为学生创造了有利的学习条件。这一探究区内分设：有机种植、常规种植对照区；雨水收集系统；生态水池，沙培及水培种植区，多肉类植物栽培区；太阳能利用系统。学生能够利用这些设施对植物进行自主的探究活动，充分发挥个人能动性，亲身体验，分享收获。

03 活动资源

校内合作

各学科的专业师资：探究课、语文课、信息课、自然课等教师。

学校生态园区。

校外合作

家长志愿者。

活动 1　大树和小树都是朋友

一、活动简介

树木维护着自然的平衡，保护树木就是保护我们赖以生存的环境。在中国，由于人口众多，加之毁林开荒、乱砍滥伐的现象难以完全禁止，导致总体绿化面积不容乐观。保护森林与树木更是我们每个人身上的责任。本活动通过让学生自己表演情景剧，引发他们的兴趣，树立起绿化环境、保护环境的意识。

二、关键能力的培养

1. **激励自己和他人的能力**：能够学会欣赏他人在表演中的优点，也能找到自己的优点。
2. **反思生活方式的能力**：对人们在保护环境方面的不良行为有所认识，也能注意在生活中以身作则。

三、方法与手段

1. **创设情景的方法**：在情景剧中学习环保知识，发现问题。
2. **反思的方法**：通过情景剧，对生活中的有关现象加以讨论，开展反思。

四、活动材料

1. **活动材料与工具**：《森林爷爷》舞台剧剧本、角色道具、相关资料、数码照相机、电脑。
2. **活动任务单**：《森林爷爷》舞台剧小组任务单。
3. **活动总评价表**："大树和小树都是朋友"活动总评价表。

五、活动方案

（一）活动时间：1 课时

（二）活动过程

学生活动	教师指导要点	要求说明
一、导入 1. 观看舞台剧相关的故事图片。 2. 自由畅想，用自己的语言讲述故事。	出示故事图片，引导学生表达自己的观点和看法。	提前准备制作演出头饰，提供演出的相关道具。
二、探究活动 1. 推选六名组长担任导演，组内组员自行挑选喜欢的剧本角色（小树、森林爷爷、砍树人、旱魔王、雨魔王、风魔王）。	帮助学生合理选择恰当的角色，进行有限度的调整。	通过小组分工、合作演出的过程，培养学生的团队精神，学会欣赏他人在表

（续表）

学生活动	教师指导要点	要求说明
2. 以小组为单位，根据剧本进行排练。组长负责整个流程的顺利进行。 3. 每组依次登台进行演出，根据时间选取片段串联成整部舞台剧，做到人人参与，做好演员，做好观众。 4. 每人有一颗小红星，轮流走上讲台，为自己心中的最佳表演小组投票。 5. 进行颁奖。对自己在活动中的表现进行自评与互评。	巡视指导，及时为有困难的小组提供帮助。 适时点播报幕，确保舞台剧的演出效果并拍摄剧照。开展评选活动。	演中的优点，也能找到自己的优点，从而培养激励自己和他人的能力。 （见活动任务一）
三、总结与拓展 讨论演出后的收获与体悟。	教师组织学生进行讨论。	通过讨论的形式，对人们在保护环境方面的不良行为有所认识，也能注意在生活中以身作则，从而培养反思生活方式的能力。 （见活动任务二）

（三）活动任务

任务一：完成《森林爷爷》舞台剧演出

1. 任务目标

合作表演，培养团队精神。

2. 任务内容

（1）选取角色，完成《森林爷爷》舞台剧小组任务单。

（2）小组合作，根据剧本进行排练。

（3）做好称职演员，做好合格观众，评选最佳表演小组。

《森林爷爷》舞台剧小组任务单

任务角色	演员名单	任务道具准备
导演		
小树		
森林爷爷		
砍树人		
旱魔王		
雨魔王		
风魔王		

 注意事项：

任务二：交流活动感想和体会

1. 任务目标

总结点评演出活动，认识植物与人类的密切关系，激发保护植物的意识。

2. 任务内容

（1）观看演出精彩瞬间，总结回顾。

（2）讨论交流如何在生活中爱护环境、爱护植物。

"大树和小树都是朋友"活动总评价表

活动满意度（打"√"）	😆 优秀	🙂 良好	😟 须努力
通过合作，登台完成舞台剧表演，懂得欣赏和尊重别人的劳动成果			
通过情景体验活动，认识到植物与人类的密切关系，以及保护环境的重要性			

保护樱桃树活动

共同植树

活动 2　我认养的树朋友

一、活动简介

　　树木对环境非常重要，为了增强学生的参与感，组织学生开展"爱绿，护绿，认养树木"的活动，号召学生积极行动，爱护树木，美化校园及社区。学生自己讨论制定"护绿小卫士"公约，动手制作小树苗认养卡，与家长志愿者一起参与认养活动，在这个过程中培养自己的奉献精神与勇于担当的责任意识。

二、关键能力的培养

1. **前瞻性的思考与行动能力**：参与对环境改善的方法的讨论，制定护绿公约。
2. **反思生活方式的能力**：通过参与活动，亲身体验劳动的乐趣，感受美化环境的意义。

三、方法与手段

1. **交流与合作的方法**：小组合作，讨论完善护绿公约。
2. **面向社会开放的方法**：让学生走出教室，走进校园与社区，感受自然。

四、活动材料

1. **活动材料与工具**：拍立得、电脑、画笔、卡片。
2. **活动任务单**：植物小知识竞赛答题卡、养护活动记录表。
3. **活动总评价表**："我认养的树朋友"活动总评价表。

五、活动方案

（一）活动时间：1课时

（二）活动过程

学生活动	教师指导要点	要求说明
一、导入 开展植物小知识 Q&A 快速问答赛，在活跃课堂气氛的同时，增进对植物的了解。	组织问答活动，抢答成功的小朋友可以给自己加上星星。	准备植物知识相关的资料，用游戏的形式激发学生的兴趣。
二、探究活动 1. 根据不同树木的图片及资料，了解所要认养的树木。 2. 小组讨论认养树木的日常养护范围，制定、完善"护绿小卫士"公约。 3. 拿起画笔，亲自动手制作一张树木养护卡。要求写上树名、认养人姓名以及祝福语。 4. 选择自己喜欢的树木，为它挂上养护卡，与家长志愿者一起签订认养协议。 5. 与所认养的专属树木合影，作为留念。另行拍摄照片，留档制作"成长日记"。 6. 根据任务单，定期给树木浇水，进行养护，集满养护小水滴，完成植物成长条，并留下观察日记。	提供可认养的树木，表明树种名称和绿地区域。 提出养护要求，引导学生明确自身职责。对学生的讨论结果加以总结归纳，理清思路。 鼓励学生发挥想象，大胆创作。 进行认养信息登记。 为家长志愿者和学生拍照。 关注学生的记录情况，及时跟进信息。	参与对环境改善的方法讨论，制定护绿公约，通过认养的形式把保护环境的大道理转变为切实可行的小行动，从而培养前瞻性的思考与行动能力。 （见活动任务一） 通过活动，让学生亲身体验劳动的乐趣，感受美化环境的意义，激发学生对学校的归属感，拉近环保与实际生活之间的距离，从而培养反思生活方式的能力。 （见活动任务二）
三、总结与拓展 1. 交流展示自己制作的养护卡。 2. 善待所认养树木及周围的花草树木，为其营造一个和谐温馨的成长环境，学期末评选出"最佳小主人"。	定期将优秀学生的"植物成长日记"张贴在学校公告栏，并为其颁发奖状。	在参与全班总结交流的过程中，巩固新知识，创设环保氛围，收获成功的喜悦。

（三）活动任务

任务一：制定完善护绿公约

1. 任务目标

了解生态构成，制定护绿公约。

2. 任务内容

（1）了解不同种类的树木。

（2）讨论养护内容，制定公约。

（3）制作树木养护卡。

养护活动记录表

填表人：_____ 年级 _____ 班　姓名 _____　学号 _____

树木名称 _____		认养时间 _____		树木地点或方位 _____	
序号	____年 ___月 ___日（周 ___）天气 ___			管理措施	
养护周记：					

任务二：认养校园树木

1. 任务目标

通过活动亲身感受劳动的乐趣，体会责任。

2. 任务内容

（1）挑选树木，挂上养护卡，签订认养协议。

（2）定期参与养护活动，记录养护感受与体会，留下观察日记。

"我认养的树朋友"活动总评价表

活动满意度（打"√"）	优秀	良好	须努力
了解所要认养的树木，积极参与讨论认养树木的日常养护范围，合理制定护绿公约			
能精心照料树木，定期浇水，按时记录，完成观察日记			

我给小树浇浇水

我给小树翻翻土

单元主题活动案例

主题三：校园里的水生态

"校园里的水生态"这一主题从身边的校园水生态出发，引导学生对校园水生态的现状进行反思，从而提升生态校园的保护意识。主要围绕以下 5 个问题开展单元主题活动。

我们的校园生活会产生哪些污水？（调查实践）

污水会破坏哪些生态环境？（网络调查）

我们能为学校的生态水池做些什么？（方案设计）

我们能做些什么来护水爱水？（"护水之星"金点子）

我们在节水方面表现得怎么样？（争章活动）

01 活动目录

活动 1　校园生活也产生污水

活动 2　污水破坏了生态环境

活动 3　校园内的"生态池塘"

活动 4　保护水生态——从我做起

活动 5　争当"节水小精灵"

02 活动空间

在学校创建"绿色小精灵"生态探索区，学生将主题知识与未来的愿景和行动计划相融合，通过不同的行动改善问题。学生调查校园生活产生的水污染；探究维护"生态池塘"的方案设计；搜集保护水资源的金点子，以行动为导向实现所学知识和所培养能力的迁移与可持续运用。

03 活动资源

校内合作

各学科的专业师资：语文、自然科学、信息技术、美术等学科教师。

学校管理层。

学校生态园区。

校外合作

水文水资源管理署。

活动1　校园生活也产生污水

一、活动简介

本活动从校园生活出发，学生以小组合作的形式，调查研究校园内产生的污水。活动旨在掌握实际情况，有助于制定和执行正确的方针政策，提高学生的环保意识。最后小组合作汇报，讨论和表达交流。

二、关键能力的培养

1. **前瞻性的思考与行动能力**：参与关于校园水生态环境改善的讨论。
2. **理解与合作的能力**：了解生态环境的基本组成，体验小组互动的探索过程。

三、方法与手段

1. **创设情景的方法**：在真实校园环境中寻找水污染问题。
2. **交流与合作的方法**：小组合作，在调查过程中分工、协作。

四、活动材料

1. **活动材料与工具**：数码照相机、电脑、投影仪。
2. **活动任务单**：校园水污染调查报告。
3. **活动总评价表**："校园生活也产生污水"活动总评价表。

五、活动方案

（一）活动时间：1课时

（二）活动过程

学生活动	教师指导要点	要求说明
一、导入 呈现古诗《江南好》，展示我国水污染的图片（滇池污染、太湖蓝藻）和材料。 交流以前对水污染的认识，谈谈生活中的水污染。	出示和介绍水污染的图片和材料，让学生了解我国水污染的严重性。通过古代和现代的对照，让学生感受治理水污染的迫切性和必要性。	组织学生交流，对交流情况进行鼓励。
二、探究活动 1. 污水无处不在，我们附近有没有污水呢？小组讨论学校内可能的水污染现象。	根据学生讨论的结果出示有关图片，明确调查方向，加强巡视指导，注重学生安全，引导学生有效调查。	小组合作，在调查过程中分工、协作；懂得生态环境的基本组成，体验小组互动的探索过程，培养团结与合作的能力。 （见活动任务一）

（续表）

学生活动	教师指导要点	要求说明
2. 以小组为单位寻找校园中产生的污水并做好记录。组内任务分工、拍摄照片、筛选照片、做好文字记录。 3. 班级交流，小组代表轮流上台演讲。	指导学生填写调查表格，组织学生交流各组调查结果，提出改进建议。	通过在校园真实情景中寻找水污染问题，能参与对校园水生态环境改善的讨论，培养前瞻性的思考与行动能力。 （见活动任务二）
三、总结与拓展 全班交流各组记录的结果，提出改进建议。	教师小结评价本次主题活动，组织学生交流心得体会。	在参与全班总结交流的过程中，展示成果，收获经验。

（三）活动任务

任务一：寻找学校的水污染现象

1. 任务目标

发现学校的水污染现象。

2. 任务内容

（1）学生借助拍摄仪器分组活动，合作完成校园水污染的调查报告。

（2）家长志愿者带队活动。

校园水污染调查报告

活动主题		调查校园污水
小组名称		
组长		
组员和分工		
调查记录	时间	
	地点	□ 操场　　□ 绿化区域　　□ 生态探究区　　□ 教学楼 □ 食堂　　□ 厕所 □ 室外场馆（体操房、图书馆） □ 其他（　　　　　　　）
	情况说明	
	改进建议	

任务二：交流改进措施

1. 任务目标

在真实校园环境中寻找水污染问题，参与对校园水生态环境改善的讨论。

2. 任务内容

（1）小组代表轮流上台演讲。

（2）全班交流各组记录的结果，提出改进建议。

"校园生活也产生污水"活动总评价表

活动满意度（打"√"）	😄 优秀	😐 良好	😟 须努力
小组合作，在调查过程中能分工协作，懂得生态环境的基本组成，体验小组互动的探索过程			
通过在真实校园环境中寻找水污染问题，能参与对校园水生态环境改善的讨论			

雨水收集循环利用系统

保护水资源学生作品

活动 4　保护水生态——从我做起

一、活动简介

　　学生从图书、报纸、杂志、互联网等媒体上搜集与本活动相关的资料以及有关水污染的知识和情况报道；了解世界和我国的水资源状况，学习用辩证的方法看待水资源的丰富和有限；初步懂得合理利用与保护水资源的重要性和迫切性，从而形成节约用水、保护环境的良好品德。本活动旨在培养学生关心社会、为社会作贡献的社会责任感。

二、关键能力的培养

1. **全球视野的感知能力**：通过网络或书籍阅读，了解水生态保护的世界问题。

2. **理解与合作的能力**：了解水生态环境的基本组成，体验小组互动的探索过程。

3. **反思生活方式的能力**：对人们在水生态环境保护方面的不良行为有所认识，能够主动学习环保知识，也能注意以身作则。

三、方法与手段

1. **专业性的工作方式**：体验生态学研究方法。
2. **交流与合作的方法**：小组合作调查，实践分工协作。
3. **反思的方法**：在生态环境调研中对过程方法和结果开展反思。
4. **行动指向的方法**：分析自己的行动与目标达成的情况。

四、活动材料

1. **活动材料与工具**：电脑、投影仪、美术材料。
2. **活动任务单**：家庭和学校用水调查表、节水金点子海报制作评价表。
3. **活动总评价表**："保护水生态——从我做起"活动总评价表。

五、活动方案

（一）活动时间：1 课时

（二）活动过程

学生活动	教师指导要点	要求说明
一、导入 交流对水环境的了解。	组织学生交流，对交流情况进行鼓励。	了解目前的水环境现状。
二、探究活动 1. 小组长安排本组成员调查水价、自己家和学校或其他单位每月的用水量及水龙头的数量，并将调查结果记录于表。介绍自己家里每月的用水量，把家里上个月的水费单带来与同学比较一下，看看谁家最节水。 2. 交流日常生活中还有哪些地方要用到水，交流汇报浪费水的现象。 3. 分组调查家庭用水情况，填写调查表，可采取采访的形式，调查人和自己家的情况。 4. 结合图表，总结家庭用水多少的原因。 5. 提出家庭节水计划：（1）应该合理运用水资源；（2）不浪费水资源；（3）不污染水资源。 6. 小组讨论，收集保护水环境的金点子。 7. 根据小组收集到的保护水环境的金点子制作海报，制定节水口号。 8. 开展大组评价，完成活动评价表。	明确调查目标，巡视指导，对可行性方法提出建议，针对不同小组的汇报提出完善建议。 对交流情况进行鼓励，展示国家保护水环境的重要举措，指导其他小组的同学进行评价。 巡视指导，针对收集到的金点子提出建议，指导海报设计的基本任务，提出完善海报的建议。 组织学生对收集到的金点子开展评价，一个个金点子代表了同学们对水资源的珍惜之情，也从中明确节水宗旨：节约用水，从我做起；节约用水，人人有责。	通过网络或书籍阅读，了解水生态保护的世界问题，培养全球视野的感知能力。 （见活动任务一） 通过分组调查研究，懂得水生态环境的基本组成，体验小组互动的探索过程，培养理解与合作的能力。 （见活动任务二） 通过收集保护水环境金点子，对人们在水生态环境保护方面的不良行为有所认识，能主动学习环保知识，也能注意以身作则，培养反思生活方式的能力。 （见活动任务三）
三、总结与拓展 在校园内张贴海报，宣传节水金点子，让更多的同学参与节水行动。	教师小结评价本次主题活动，组织学生交流心得体会。	在参与全班总结交流的过程中，分享节水金点子，提升节水行动力。

（三）活动任务

任务一：了解水生态保护的世界问题

1. 任务目标

了解水生态保护的世界问题。

2. 任务内容

（1）通过网络或书籍阅读，了解水生态的世界问题。

（2）全班交流自己的调查结果。

任务二：调查家庭用水情况

1. 任务目标

探究日常生活中还有哪些地方要用到水。

2. 任务内容

（1）小组长安排本组成员调查水价、自己家和学校或其他单位每月的用水量及水龙头的数量，并将调查结果记录下来。

（2）介绍自己家里每月的用水量，把家里上个月的水费单带来与同学比较一下，看看谁家最节水。

（3）提出家庭节水计划。

家庭和学校用水调查表

	调查范围	水龙头个数	每月用水量（吨）	水的单价（元）	总价（元）
学校					
家庭					
（水费单粘贴处）					

任务三：收集保护水环境的金点子

1. 任务目标

讨论保护水环境的好方法。

2. 任务内容

（1）按小组讨论收集保护水环境的金点子。

（2）根据小组收集到的金点子制作海报，制定节水口号。

（3）开展大组评价，完成活动评价表。

节水金点子海报制作评价表

标准	说明	评价
主题内容	1. 主题明确 2. 内容丰富	☆ ☆ ☆ ☆ ☆
版面设计	1. 画面精美 2. 色彩丰富	☆ ☆ ☆ ☆ ☆
创意创新	1. 方法创意 2. 形式多样	☆ ☆ ☆ ☆ ☆

"保护水生态——从我做起"活动总评价表

活动满意度（打"√"）	优秀	良好	须努力
能通过网络或书籍阅读，了解水生态保护的世界问题			
能通过分组调查研究，懂得水生态环境的基本组成，体验小组互动的探索过程			
能通过收集保护水环境金点子，对人们在水生态环境保护方面的不良行为有所认识，能主动学习环保知识，也能注意以身作则			

保护水资源卡通贴

[单元主题活动案例]

主题四：校园里的生态作物

"校园里的生态作物"这一主题从认识校园中的生态作物开始，到了解如何种植生态作物，引导学生对生态作物的种植进行详细的了解。这部分主要围绕以下 5 个问题开展单元主题活动。

如何种植生态作物？（亲自种植）

如何展示种植成果并进行评价？（PPT）

如何使生态作物生长得更快、更好？（调查报告）

如何利用种植的作物制作沙拉？（动手制作）

我们在生态种植过程中的"变现"如何？（争章活动）

01 活动目录

活动 1　生态作物的种植

活动 2　生态作物的营养

活动 3　生态作物"冷餐会"

活动 4　争当"种植小精灵"

02 活动空间

依托学校创建的"绿色小精灵"生态探索区，利用有机生态种植区学生可以亲自种植作物。开展种植活动，学生分小组，分工合作种植作物。学校和教师协助学生在校园开展生态种植活动，从开垦、除草到撒种、浇水、施肥，到最后的丰收甚至制作沙拉，学生都能充分体会种植作物的乐趣。同时在生态种植的过程中，学生能对作物更加了解，对生态种植的好处更加明确。倡导：让污染远离我们的环境，让绿色走入我们的生活，学会保护我们的生态环境。

03 活动资源

校内合作

各学科的专业师资：探究课、语文课、信息课、劳技课等教师。

学校管理层。

学校生态园区。

校外合作

上海同初安心有机农场。

活动1　生态作物的种植

一、活动简介

本活动重点在于了解和掌握如何进行生态种植。学生以小组合作的方式，亲自动手种植，体会种植的乐趣；在种植过程中体会生态作物带来的好处，同时更进一步认识到生态环境的重要性，形成保护生态环境的意识。

二、关键能力的培养

1. **前瞻性的思考与行动能力**：在种植生态作物之前，进行一定的资料查找和讨论，了解如何种植。

2. **计划与行动的能力**：参与生态作物种植计划小组，并参加实践。

3. **理解与合作的能力**：通过小组合作，互相帮助，一起种植生态作物。

三、方法与手段

1. **专业性的工作方式**：体验生态作物的种植方法。

2. **交流与合作的方法**：在小组合作中，有效分工协作。

3. **应用各种媒体的手段**：运用电脑软件，交流实践探究的过程与成果。

四、活动材料

1. **活动材料与工具**：电脑、数码相机、种植工具（盆、种子、土、铲子等）。

2. **活动任务单**：生态作物种植计划表、制作 PPT 分工计划表、PPT 汇报评价表。

3. **活动总评价表**："生态作物的种植"活动总评价表。

五、活动方案

（一）活动时间：2课时

（二）活动过程

学生活动	教师指导要点	要求说明
第 1 课时		
一、导入 1. 介绍校园中的生态作物。 2. 提出问题：如何种植这些生态作物？	出示校园作物的特点、营养价值等，引出问题。	在种植生态作物之前，进行一定的资料查找和讨论，了解如何进行种植，培养前瞻性的思考与行动能力。随后从校园中的作物出发，激发学生的学习热情，并引入问题。
二、探究活动 1. 小组合作完成任务计划单。 （1）根据任务单，小组进行分工。 （2）讨论准备事项，填写计划单。 2. 根据计划单中的分工等事项，开始进行种植活动（实践），在学校阳光房中集体分小组种植。	指导并提出有效的改进建议。 巡视指导，给予帮助。 针对不同的种植过程，提出改善的建议。	通过小组合作，拟定种植过程，并分工合作完成，互帮互助，培养理解与合作的关键能力。 （见活动任务一） 通过亲自实践，更进一步了解生态作物的种植过程，培养计划与行动的关键能力。
三、总结与拓展 通过种植活动，交流讨论本次实践活动的心得体会以及可改进之处。	组织学生交流，对交流情况进行鼓励，反思总结整个活动内容。	在参与全班总结交流的过程中，巩固新知，反思不足，收获经验。
第 2 课时		
一、导入 对上次活动中种植的作物进行简单介绍和展示。	组织学生观看种植成果。	回顾上节课内容。
二、探究活动 1. 小组讨论，组内分工。 讨论制作 PPT（筛选照片、电脑打字、美化编辑 PPT、主题演讲）。 2. 各小组派代表进行种植成果展示交流。 分别从作物的外观、长势、种植记录过程等方面进行展示交流。 3. 班级交流、点评。 （1）按汇报评价表的内容进行打☆评价。 （2）每组代表公布自己打☆的情况，供教师统计整理。 （3）获☆最多的小组被评为"最佳种植小组"，集体给予掌声，以资鼓励。	指导制作 PPT，针对资料内容引导文字描述，指导美化制作策略，针对不同小组的汇报予以评议，提出完善建议。 分发评价标准，组织学生对不同小组制作的汇报内容开展评选活动，搜集整理评价表，统计出获☆最多的小组。	通过小组分工合作，发挥各组员的特长，培养理解与合作的关键能力，为完成任务打下扎实基础。 （见活动任务二） 在参与全班评价的过程中，观看各组展示的 PPT 后触发感受，学习良好的环保行为，反思自己行为的不足之处，从而引导改善自己的行为习惯。 （见活动任务三）
三、总结与拓展 反馈交流本节课的学习心得体会。	组织学生交流，对交流情况予以评价。	在参与全班总结交流的过程中，巩固新知，反思不足，收获经验。

（三）活动任务

任务一：掌握生态作物种植方法

1. 任务目标

了解生态作物种植方法。

2. 任务内容

（1）通过资料查找和讨论，了解如何进行生态作物种植。

（2）通过小组合作，互相帮助，一起种植生态作物。

生态作物种植计划表

活动主题		生态作物的种植
小组名称		
组长		
组员和分工		
分工内容	材料准备	
	种植方法	
	注意事项	

任务二：制作种植成果交流 PPT 分工计划表

1. 任务目标

参与生态作物种植计划小组，并参加交流汇报活动。

2. 任务内容

（1）通过搜集整理资料图片，完成种植成果交流 PPT。

（2）通过小组合作，互相帮助，一起完成制作 PPT 分工计划表。

制作 PPT 分工计划表

小组名称		
组长		
组员		
分工内容	图片准备 筛选照片	
	电脑打字	
	美化编辑	
	主题演讲	

> **任务三：完成 PPT 汇报评价表**

1. 任务目标

　　根据生态作物的种植及 PPT 交流汇报活动的完成情况，按评价标准完成 PPT 汇报评价表。

2. 任务内容

　　（1）了解评价标准。

　　（2）组内按标准完成 PPT 汇报评价表。

PPT 汇报评价表

标准	说明	评价
作物长势	1. 长势良好 2. 叶片繁多	☆ ☆ ☆ ☆ ☆
主题内容	1. 主题明确 2. 照片丰富	☆ ☆ ☆ ☆ ☆
版面设计	1. 版式精美 2. 动态效果	☆ ☆ ☆ ☆ ☆
表达交流	1. 表达流畅 2. 仪态自然	☆ ☆ ☆ ☆ ☆

"生态作物的种植"活动总评价表

活动满意度（打"√"）	优秀	良好	须努力
在种植生态作物之前，能够合理进行资料的查找、筛选和梳理工作，掌握种植的基本方法			
能够积极参与生态作物种植计划小组，积极参与实践活动			
通过小组合作，获得相互帮助、相互体谅、共同合作的能力			

蔬菜的种植

蔬菜沙拉制作公开课

蔬菜种植教学

主题五：校园里的生态美景

"校园里的生态美景"这一主题旨在引导学生通过观察身边的校园，感受一年四季的自然变化，引导他们热爱校园、热爱自然，从而形成保护校园、保护自然的自觉意识。这部分主要围绕以下 4 个问题开展单元主题活动。

在我们的共同努力下，我们身边的校园究竟有多美？（专题墙报）

徜徉在校园生态美景中，我们应该如何歌颂它、赞美它？（诗歌创作与朗诵会）

在未来，我们的生态校园还可以是什么样的？（调查活动与方案设计）

在维护校园生态美景中，我们的表现怎么样？（争章活动）

01 活动目录

活动 1　寻找校园之美

活动 2　歌颂校园之美

活动 3　设计"校园生态节"

活动 4　争当"环保小精灵"

02 活动空间

通过平时的积累，留心观察身边的生态美景，理解营造生态美景需要大家共同的努力，从而引导学生注重养成良好的生态保护行为习惯，落实到今后的学习生活中，体现生态保护教育的延续性。

通过调查研究及实践经验，设计出切实可行的"校园生态节"活动方案，供学校生态教育工作组参考，也为今后学生自主开展生态保护教育活动打下扎实基础。

03 活动资源

校内合作

多学科合作指导：语文课、信息技术课、探究课等的指导。

学校行政保障：学校艺术教育管理委员会参与展示活动；学校生态教育工作组参与生态节方案设计评比。

校外合作

家长志愿者。

城市学校少年宫朗诵组。

活动 1　寻找校园之美

一、活动简介

在学生参与学校生态教育活动一年之际，教师设计季节观察收获单，引导学生在活动中不断发现，认识校园四季不同的生态美，以观察总结的活动形式激发学生对校园生态美景的关注。学生利用平时的休闲时间完成素材积累，最终以主题墙报形式进行交流。

二、关键能力的培养

1. **公正与团结的能力**：能和小组的所有成员一起形成团队，在平时善于观察校园，随时记录，并形成有质量的收获单；能客观评价其他小组的观察成果；能分工合作，共同完成主题墙报。
2. **激励自己和他人的能力**：在感受校园生态美景的同时，回顾自己参与活动一年来的表现，体悟"美好的生态环境中也有我的一份功劳"，从而激励自我，促进生态保护活动的延续。

三、方法与手段

1. **创设情景的方法**：在校园环境中寻找生态美，发现生态美，记录生态美。

2. **交流与合作的方法**：在小组合作中，完成资料汇总，进行梳理；分工合作，明确职责，完成主题墙报宣传。

四、活动材料

1. **活动材料与工具**：摄影工具、电脑、打印机、墙报布置工具（彩纸、装饰物等）。

2. **活动任务单**：我的季节观察收获单、主题墙报。

3. **活动总评价表**："寻找校园之美"活动总评价表。

五、活动方案

（一）活动时间：1课时

（二）活动过程

学生活动	教师指导要点	要求说明
一、导入 1. 课前准备。 　利用课余时间走进校园，探访学校各个区域，完成对校园生态环境的观察，选取校园中最吸引自己的一个季节和场景进行记录。用绘画、照片等形式对校园生态美景进行记录，完成"我的季节观察收获单"。 2. 介绍交流。 　回顾课前准备工作，介绍自己寻找校园生态美的过程。	准备好活动记录单，明确活动任务与步骤。 对学生的介绍给予及时地鼓励与评价。	让学生自己去寻找校园生态美，激发学生的学习兴趣。
二、探究活动 1. 组内交流评选。 　组内成员交流自己的"我的季节观察收获单"，口头描述收获单上记录的美丽场景，交流评选出优秀代表1~2名。 2. 班级交流评选。 　小组代表交流自己手中的收获单，全班举手投票选出最优秀的作品。 3. 分工合作，完成主题墙报。 班级成员分工： （1）资料搜集人员若干：负责将收获单按照季节、地点等进行整理归类。 （2）张贴布置人员若干：负责将收获单美观地张贴到主题版面上。 （3）美工装饰人员若干：负责用装饰物对墙报进行美观布置。 （4）宣传人员若干：负责向其他同学介绍班级主题墙报，拍摄成品照片。	组内巡视，指导学生完成收获单，指导学生口头交流表达。 组织学生开展交流评选活动，给优胜者颁发小礼物。 按学生特长，帮助指导分配任务。	能和小组的所有成员一起形成团队，在平时善于观察校园，随时记录，并形成有质量的收获单。 能客观评价其他小组的观察成果；能分工合作，共同完成主题墙报。在此基础上培养学生公正与团结的能力。 （见活动任务一） 通过完成主体墙报，学习其他同学发现生态美的好方法好角度，激发自我产生保护美丽校园的生态环保意识。在此基础上培养激励自己和他人的能力。 （见活动任务二）

（续表）

学生活动	教师指导要点	要求说明
三、总结与拓展 　　学生交流在本次活动中的收获与体验，回顾自己参与活动一年来的表现。	教师小结评价本次主题互动，组织学生交流心得体会，对主题墙报设计予以鼓励。	在感受校园生态美景的同时，回顾自己参与活动近一年来的表现，体悟"美好的生态环境中也有我的一份功劳"，从而激励自我，督促生态保护活动的延续。

（三）活动任务

任务一：观察校园一年四季的自然变化

1. 任务目标

　　观察了解校园四季环境变化情况。

2. 任务内容

　　（1）学生自选一个自己喜欢的校园季节，开展观察活动。

　　（2）家长志愿者带队活动，提供摄影、绘画指导。

我的季节观察收获单

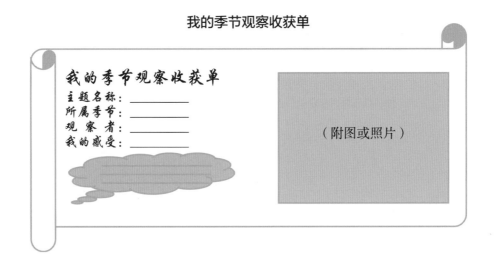

我的季节观察收获单
主题名称：_____
所属季节：_____
观察者：_____
我的感受：_____

（附图或照片）

任务二：完成主题墙报

1. 任务目标

　　总结为期一年的观察活动，展示积累的相关素材。

2. 任务内容

　　（1）摄影作品展示。

　　（2）绘画作品展示。

　　（3）美化宣传。

"寻找校园之美"活动总评价表

活动满意度（打"√"）	优秀	良好	须努力
展示的照片与绘画让同学们感受到了校园一年四季的美丽			
通过活动，感受到自己对校园的喜爱，并愿意为保护美丽校园贡献自己的力量			

学校春季紫藤花开的景色

校园生态环保画作品

活动 3　设计"校园生态节"

一、活动简介

以材料搜集的形式，让学生了解国际与国内对生态保护的重视，了解各类生态节、纪念日的活动形式，在此基础上针对学校实际，设计自己的校园生态节。

二、关键能力的培养

1. **前瞻性的思考与行动能力**：能积极参与网络资料的搜集调查，参与校园生态节的设计。
2. **计划与行动的能力**：以小组合作的形式参与校园生态节的设计，互帮互助，形成校园生态节的活动设计方案。

三、方法与手段

1. **专业性的工作方式**：体验生态学调查方法。
2. **创造性的方法**：学习设计活动方案。
3. **应用各种媒体的手段**：体验在网络平台上学习他人的经验。

四、活动材料

1. **活动材料与工具**：网络教室、电脑、实物投影。
2. **活动任务单**：生态节（纪念日）活动调查报告、校园生态节活动方案。

3. **活动总评价表**："设计'校园生态节'"活动总评价表。

五、活动方案

（一）活动时间：2课时

（二）活动过程

学生活动	教师指导要点	要求说明
一、导入 1. 学习生态文明的概念，了解世界各地对于生态环境保护的重视程度及举行的一些生态环保节活动。 2. 分组：组内分工，分派任务。	借助多媒体展示生态文明、生态节（纪念日）的相关情况。 提出探究任务，巡视指导，给予帮助。	准备好"校园生态节"活动方案设计单，明确活动任务与步骤。
二、探究活动 1. 组内合作，上网搜集相关节日和纪念日的资料；对搜集到的活动进行形式整理与归类；讨论搜集到的活动在校园内的可行性。 2. 全班交流评价。 各组选派代表上台发言。（实物投影） 挑选集体意向比较高的活动进行讨论，结合实际做出修改。 3. 形成我校"校园生态节"活动设计方案。 4. 班级代表落笔成文案，递交学校生态教育工作组备选参考。	在小组讨论中给予指导。 组织学生交流，对交流情况进行鼓励。 组织全班同学进行交流评价，对于可行性高的方案给予鼓励表扬，并提出一些修改意见。 对学生集体参与形成的"校园生态节"活动设计方案给予评价。	通过网络资料搜集整理与归类，引导学生多关注国内外的生态纪念日活动，能够意识到生态环保对世界、对人类的重要性，培养学生前瞻性思考与行为能力。 （见活动任务一） 通过小组合作完成方案设计，培养学生与他人共同计划和行动的能力。 （见活动任务二）
三、总结与拓展 学生交流在本次活动中的收获与体验，回顾自己参与活动的表现。	教师小结评价本次主题互动，组织学生交流心得体会。	通过交流总结，提高生态环保意识，感悟"美好的生态环境中也可以有自己的一份功劳"。

（三）活动任务

任务一：搜集国际生态节（纪念日）材料

1. 任务目标

搜集国际生态节（纪念日）的材料。

2. 任务内容

（1）学生通过网络搜集相关材料。

（2）组内分工，对搜集成果进行整理。

（3）形成一份调查报告。

生态节（纪念日）活动调查报告

调查主题	生态节（纪念日）活动调查报告	
小组名称		
组长		
组员		
节日名称		
所属国家 / 地区		
活动内容	具体活动	活动类型

任务二：设计心目中的"校园生态节"

1. 任务目标

设计出可行的"校园生态节"活动方案。

2. 任务内容

（1）节日主题确定。

（2）节日内容确定。

（3）具体活动安排。

（4）总结形式商定。

（5）个人角色定位。

"校园生态节"活动方案

方案名称		
时间安排		
设计班级		
班级负责人		
具体内容	活动项目	参与对象

校园生态标志设计

校园生态环保画设计

"设计'校园生态节'"活动总评价表

活动满意度（打"√"）	优秀	良好	须努力
通过网络资料搜集调查，掌握了一些国内外生态节的环保知识，能够意识到生态环保的重要性			
设计的生态节活动方案在校内具有可操作性，能够得到同伴的认可			

第二篇

校园环境探究

"环境与健康"是一个与人类生活密切相关的主题。人的健康生活与环境有密切的关系，光照、气温、空气、饮用水和各类食品等都是影响学生健康成长的环境因素。在学校中要提倡健康的生活方式，要对不利于健康的环境因素和生活习惯有敏感性，学会自我保护。学校可以开展学生饮用水的水质调查，可以对教室的照明亮度进行测定，可以对各类食品的卫生状况进行调查。同时也可以对夏季教室中使用空调的利弊进行批判性的分析讨论。噪声也是一种环境污染，学校应该保持安静的环境，可对邻近学校的交通、建筑工地产生的噪声进行测定，并对照有关规定判断是否应该向他们提出降低噪声的要求。

01 主题内容

本篇的课程内容指向"校园环境与健康"，拟定了"校园的空气与我们""校园的饮水与我们""校园的食物与我们""校园的声音与我们""校园的光与我们"等活动主题。

02 总体目标

课程主要围绕"校园环境与健康"，分别从空气、水、食物、声音以及光等各个环境因素与健康的关系展开。学校以环境与健康作为主线，将环保教育融入课堂，对课题进行项目研究，开展学校环境教育。注重培养学生的科学环保意识，搭建培养学生环保精神的平台。

另外，本课程研发涉及内容比较广泛，需要教师利用课前或课后时间来进行研究与材料准备，并通过一系列活动来培养学生的探究兴趣，锻炼持之以恒的科学精神，从而达到可持续发展。

03 课标要求

《上海市小学自然学科教学基本要求（试验本）》

4.3.1　H2 知道人类要保护自然环境，合理利用自然资源。

4.3.2　H2 列举环境污染的主要原因。

5.2.1　H3 知道适量、丰富、均衡的饮食有利于健康成长。

5.2.3　H2 知道注意饮食卫生有利于保持健康。

8.1.3　H1 知道噪声是一种污染。

10.1.1　H2 举例说明人类活动对大气的影响。

10.1.2　H3 列举保护水资源和污水净化的方法及水污染会带来的危害。

《中小学环境教育实施指南》

1.4.4　引导学生主动参与解决环境问题，培养学生的环境责任感。

3.4.2.2　设计形式多样的环境教育活动。

04 评价方式

形成性评价：每个活动都是通过一系列的任务单，如调查表、实验表、小报制作、情景剧脚本、参观等展开。根据每项任务的完成情况，将形成学生自评、互评或教师评语的记录，交流讨论和教师的口头评语等也将作为过程性评价的一部分。

终结性评价：完成整个课程的所有主题活动后，将通过学生对活动参与情况的问卷调查，或教师对学生参与整个课程主题活动情况进行书面评语等，作为学生参与课程的最终评价。

[课程设计]

后续的单元主题活动案例为本篇课程设计内容的节选，具有一定的代表性，较全面地诠释了环境教育活动课程设计的思路以及"主题内容"与"单元主题"和每一个"活动"之间的逻辑关联，同时也体现了每个活动学习过程的具体设计，可供参考。

课程名称	校园环境探究 关键词：校园空气 校园饮水 校园食物 校园声音 校园的光				
学　段	小学三、四年级		课时量：30 课时 (35 分钟 / 课时) 时　间：一学年		

活动内容

单元主题	活　动	课时数	关键能力	方法与手段	
一、校园的空气与我们	活动 1　认识空气	1	理解与合作的能力 前瞻性的思考与行动能力	专业性的工作方式	课堂实验
	活动 2　识别天气预报标识	2	全球视野的感知能力	面向社会开放的方法	气象站实践
	活动 3　世界各地的大气污染	1	前瞻性的思考与行动能力	专业性的工作方式	小报绘制
	活动 4　教室的空气与我们	1	跨学科的工作能力	交流与合作的方法	实验调查
	活动 5　谁把空气弄脏了？	1	激励自己和他人的能力	专业性的工作方式	调查研究

（续表）

单元主题	活 动		课时数	关键能力	方法与手段	
二、校园的饮水与我们	活动1	世界各地的水资源	1	跨学科的工作能力	交流与合作的方法	网络检索 小报绘制
	活动2	水对我们有多重要？	1	跨学科的工作能力 激励自己和他人的能力	创设情景的方法	情景剧设计
	活动3	我们的饮用水大调查	1	跨学科的工作能力 理解与合作的能力 激励自己和他人的能力	专业性的工作方式	调查设计
	活动4	今天我们喝什么水？	2	跨学科的工作能力 激励自己和他人的能力	专业性的工作方式	实践研究
	活动5	怎样净化我们的水？	1	理解与合作的能力	行动指向的方法	绘制畅想
三、校园的食物与我们	活动1	世界各地每天的食物	1	理解与合作的能力	行动指向的方法	实践调查
	活动2	我们需要哪些营养？	1	前瞻性的思考与行动能力	行动指向的方法	小报绘制
	活动3	我们的食品安全吗？	1	前瞻性的思考与行动能力	专业性的工作方式	调查实践
	活动4	当我们遇到不良食品	1	跨学科的工作能力	行动指向的方法	情景剧设计
	活动5	校园食物从哪里来？	2	激励自己和他人的能力	专业性的工作方式	实践调查
四、校园的声音与我们	活动1	认识声音的传播	1	理解与合作的能力	专业性的工作方式	音乐欣赏 课堂小制作
	活动2	了解校园里的声音	2	前瞻性的思考与行动能力	专业性的工作方式	校园实验
	活动3	噪声有什么危害？	1	前瞻性的思考与行动能力	交流与合作的方法	实践调查
	活动4	上课时你听清了吗？	2	理解与合作的能力 激励自己和他人的能力	专业性的工作方式	实地检测
五、校园的光与我们	活动1	了解我们身边的光	1	理解与合作的能力 激励自己和他人的能力	行动指向的方法	实地探究
	活动2	全球性光污染的危害	1	前瞻性的思考与行动能力	专业性的工作方式	实践探究
	活动3	校园中的光污染	2	理解与合作的能力 激励自己和他人的能力	反思的方法	实践探索
	活动4	光为我们带来的利与弊	2	理解与合作的能力 激励自己和他人的能力	专业性的工作方式	主题辩论

主题一：校园的空气与我们

"校园的空气与我们"这一主题是引导学生认识空气。通过多种角度来认识问题，能用多种感官和方法证明空气的存在。建立气体的初步概念，认识空气是没有颜色、没有气味、透明的气体。激发学生科学探究的兴趣，培养学生的观察能力、实验能力、分析综合的逻辑能力，增强学生的创新意识，渗透环保意识。

空气是什么样的？哪里能找到空气？空气是由什么组成的？

是谁弄脏了空气？污染空气的主要是什么？

空气污染对什么有影响？对我们的健康有影响吗？

01 活动目录

活动1　认识空气

活动2　识别天气预报标识

活动3　世界各地的大气污染

活动4　教室的空气与我们

活动5　谁把空气弄脏了？

02 活动空间

在未来工作坊（扩展活动）中，学生将主题知识与未来的愿景和行动计划相融合，通过不同的行动改善问题。落实行动，整合各类资源，以行动为导向实现所学知识和所培养能力的迁移与可持续运用。

例如，在认识空气的过程中，把认识生活中的天气常识与所学的主题知识结合起来，通过行动来改善问题，培养学生观察与思考的能力。

03 活动资源

校内合作

各学科的专业师资：数学、语文、自然等学科教师。

学校管理层、班主任、后勤。

校外合作

社区、气象站、减排工作坊。

活动1　认识空气

一、活动简介

　　空气无色无味，却是我们人类最不可或缺的生存条件之一。本活动旨在让学生通过多种角度来认识问题，能用多种感官和方法证明空气的存在。建立气体的初步概念，认识空气是没有颜色、没有气味、透明的气体。激发学生科学探究的兴趣，培养学生的观察能力、实验能力、分析综合的逻辑能力，增强学生的创新意识，渗透环保意识。

二、关键能力的培养

1. **理解与合作的能力：**小组合作进行观察、实验。
2. **前瞻性的思考与行动能力：**用多种感官和方法感知空气的存在，对实验结果进行分析得出结论，认识空气的基本物理性质，能够从现实状况出发构思可能的行为。

三、方法与手段

专业性的工作方式：观察、实验。

四、活动材料

1. **活动材料与工具：**杯子、塑料袋、土块、扇子、盛有水的水槽、粉笔、气球、吸管、细木棍、小打气筒、注射器等。
2. **活动任务单：**"找空气"实践记录表。
3. **活动总评价表：**"认识空气"活动总评价表。

空气的存在——纸飞机比赛

五、活动方案

（一）活动时间：1 课时

（二）活动过程

学生活动	教师指导要点	要求说明
一、激趣导入 师：同学们，大家想一想，这个大玻璃杯里能放些什么？ 学生自由发言。 师：今天老师也在里面放了一种非常宝贵的东西，你们能猜出里面放的是什么吗？ 学生自由发言，教师否定。 师：同学们，既然大家都没猜对，那就到前面来"偷偷"地看一下，然后告诉大家吧。 让几名学生到讲台上看玻璃杯里面的物体。 生：空气。	从讲台下"用力"抬上一个大玻璃杯，玻璃杯四周用纸围起来。	发现疑惑，激发学生学习兴趣。
二、找空气 师：大家能看到玻璃杯里面的东西吗？ 生：不能。 师：是的，空气是看不到的。那么我们用什么样的方法来证明空气就在我们周围呢？下面，我们就利用身边的材料一起来把"躲藏"在我们身边的空气找出来，比一比到底哪个小组的方法多，哪个小组是我们班的冠军组。	活动规则： （1）以小组为单位，在五分钟之内，比比看哪个小组能用最多的方法找到空气，或者证明周围有空气。 （2）要充分调动我们的器官（眼、耳、鼻、舌、手等）感受。 教师巡视指导，对遇到困难的学生进行必要的帮助，赞扬活动积极的学生，鼓励胆小的学生，还要提醒大家注意记录，以及注意时间等问题。	通过小组合作进行观察、实验，用各种感官和方法感知空气的存在。
三、实验汇报 小组活动结束，小组代表汇报结果，其可能性如下。 ① 用塑料袋兜气，塑料袋会鼓起来。 ② 吹气球，鼓起来的气球里有空气。 ③ 用吸管往装水的烧杯里吹气，会有气泡。 ④ 用扇子扇风，会有凉丝丝的感觉，头发也会飘起来，说明空气流动。 ⑤ 把粉笔放进水里，也有气泡，说明粉笔里有空气。	教师对冠军组成员加盖冠军印章。可以将各种方法以视频或演示的形式呈现在全班面前。	对实验结果进行分析，得出结论，认识空气的基本物理性质，培养理解与合作的能力。
四、总结与拓展 我们周围到处都有空气，无处不在，我们每时每刻都离不开空气，它对我们人类是非常重要的。	课件呈现有关空气污染的资料，请学生在课外进一步通过网络调查空气中的成分，特别是哪些有害物质会对人的健康造成伤害。	通过网络调查，能够从现实状况出发构思可能的原因，培养前瞻性的思考与行动能力。

（三）活动任务

任务：找空气

1. 任务目标

寻找空气。

2. 任务内容

学生借助各种方法寻找空气，并合作完成实践记录表。

"找空气"实践记录表

用到的材料	做法	看到的现象	用到的器官					
			眼	耳	鼻	舌	手	其他

"认识空气"活动总评价表

评价量规			自我评价	小组评价
★★	★☆	☆☆		
讨论中善于组织语言，能够倾听他人发言	善于倾听他人，很好地做了一回小听众	没有参与讨论	☆ ☆	☆ ☆
和同伴一起完成了找空气活动，并做好记录	和同伴一起完成了找空气活动，但没有完成记录	没有与同桌一起进行找空气活动	☆ ☆	☆ ☆
在游戏过程中积极主动，善于表达自己的见解	参加了游戏，但是没有很好地表现自己	没有参与游戏	☆ ☆	☆ ☆
星数总计				

等第	优 10★～12★	良 7★～9★	合格 4★～6★	须努力 1★～3★

小组同学的鼓励与期望：

教师评价：

活动 2　识别天气预报标识

一、活动简介

在气象中心收看、分析天气预报，让学生体会、认识天气的特点，初步了解天气预报的相关知识、常用的天气符号、简单的卫星云图等。通过组织角色扮演，拓展其视野与思维能力。

二、关键能力的培养

全球视野的感知能力：了解主要的天气状况及天气符号，能够结合天气变化的特点思考人类生活对全球气候带来的影响，从全局观了解地球的现在和过去。

三、方法与手段

面向社会开放的方法：带领学生走进气象中心，与校外专家建立交流与合作，在校外开展情境化的、真实情境下的学习活动能让学生积累更生动的实践经验。

四、活动材料

1. **活动材料与工具**：天气符号（晴天、多云、雨等）、卫星云图等图片。
2. **活动任务单**：识别天气预警标识。
3. **活动总评价表**："识别天气预报标识"活动总评价表。

天气预警标识制作

五、活动方案

（一）活动时间：2课时

（二）活动过程

学生活动	教师指导要点	要求说明
一、激趣导入 师：同学们今天的心情好不好？谁能来描述一下今天的天气？同学们发现了吗，往往晴空万里时，我们的心情也非常舒畅；阴雨连绵时，我们的心情会变得十分压抑。那么天气为什么有如此大的威力呢？今天我们共同走近多变的天气，去感受天气无穷的魅力。	导入问题和情景。	激发学生的学习兴趣。
二、走进气象中心 请气象中心专业人士介绍：天气预报是怎样制作出来的？ 请气象中心专业人士介绍：在天气预报中，经常看到的卫星云图是随时间变化的。 思考卫星云图中绿色、蓝色、白色的含义是什么。 电视播放天气预报时，在卫星云图之后，出现的是简易天气形势图和天气预报图。在天气预报图上，用各种各样的天气符号来表示各地不同的天气状况，只有认识了这些天气符号，我们才能看懂自己想要知道的某一城市的天气情况。请同学们理解和记住这些天气符号，比一比看谁记得又快又准。	指导学生结合图片材料"天气符号（晴天、多云、雨等）、卫星云图"等进行学习。	在气象中心开展情景化的学习活动。
三、思考与讨论 天气是多变的，天气与人类生活、生产息息相关，请同学们结合实际思考交流天气预报的重要性。 具体了解"雾霾"天气预警标识。	出示各种"天气符号"图片，并对当今社会热点问题——雾霾进行讨论。	让学生积累生动的实践经验，培养学生全球视野的感知能力。（见活动任务）
四、天气预报演播"看天行事" 各组派一名同学当"气象先生"或"气象小姐"，在气象播报室进行天气预报播报活动。	指导小组合作推选，并进行组内预演。	通过小组协调和实践，培养学生相互理解与合作的能力。

（三）活动任务

任务：识别天气预警标识

1. 任务目标

通过活动了解主要的天气状况及天气符号，并能结合天气变化的特点思考人类生活对全球气候带来的影响。

2. 任务内容

（1）理解和识记天气符号、卫星云图，比一比看谁记得又快又准。

（2）思考以下问题并进行交流。

① 空气污染指数与空气质量的关系是什么？人类活动如何影响空气质量？

② 当预知到不利的天气形势时，应该如何趋利避害？例如，遭遇雾霾应该怎么做？

"识别天气预报标识"活动总评价表

活动满意度（打"√"）	😀 优秀	🙂 良好	😟 须努力
知道空气污染指数与空气质量的关系			
能列举人类影响空气质量的例子			
能说出生活中遭遇雾霾的应对举措			

活动 3　世界各地的大气污染

一、活动简介

了解世界各地的大气污染及其危害、防治措施。特别是汽车尾气对空气的污染，了解烟尘（可吸入颗粒物）的危害，了解酸雨及其危害。学生自己想办法解决大气污染问题，培养学生自己解决问题的能力和"保护环境，从我做起"的环保意识。

二、关键能力的培养

前瞻性的思考与行动能力：全球气候变化，目前看来还是可控的，激励学生以自己的行动来延缓气候变化。

三、方法与手段

专业性的工作方式：学生展示世界各地的空气污染及其危害的小报。

四、活动材料

1. **活动材料与工具**：电脑、纸、笔等。
2. **活动任务单**：制作世界各地的空气污染及其危害的小报。
3. **活动总评价表**：小报制作自评表。

小报制作

五、活动方案

（一）活动时间：1 课时

（二）活动过程

学生活动	教师指导要点	要求说明
一、导入 （一）大气污染 1. 老师带来一些图片，大家一起观察。 2. 提问：这些图片给我们提供了什么信息？ 生1：工厂排放的废气污染了我们美丽的城市。 生2：汽车排放的尾气使人看不清路。 生3：沙尘暴污染了我们的环境。 师总结：同学们刚才说了好多，也说得非常好。这些现象就是大气污染。 （二）大气污染的概念 师：什么是大气污染？ 学生调查后发言：如果大气中的污染物达到了一定程度，就会对人和生物造成危害。 师总结：人和所有的生物，都离不开新鲜的空气。如果大气中的污染物达到了一定程度，就会对人和生物造成危害。这时候我们就说大气被污染了。接下来就让我们来调查一下世界各地的大气污染都有或曾有过哪些。	板书课题。 引导学生进行调查并小结。教师可提供参考资料，如空气是宝贵的资源。空气受到污染，会对人类健康、动植物生长发育、工农业生产及全球环境造成很大危害。大气污染是目前全球性的中心问题，它严重破坏了生态系统和人类的生存条件。	以图片导入，引导学生自己观察图片，学会从身边的资料获得信息。

（续表）

学生活动	教师指导要点	要求说明
二、分工合作，制作PPT小报 1. 网上搜集资料。大气污染的简介以及世界各地的大气污染实例、图片和视频资料，整理并保存到自己的文件夹。 2. 设计小报结构图。 3. 展示设计优秀结构图，进行合理的评价。 4. 对图片文字及视频进行排版精简。 5. 完成小报制作。	可以给出信息收集的推荐网址，提醒学生要有规范信息来源的意识。	通过信息收集和小报制作，引导学生了解全球气候变化，激励学生以自己的行动来延缓气候变化，提高学生前瞻性的思考与行动能力。 （见活动任务）
三、总结评价 欣赏各小组小报成品，进行小报展示和互评。	将各小组作品进行投屏展示。	通过各组相互交流评价，思考解决大气污染问题的方法，培养学生自己解决问题的能力和"保护环境，从我做起"的环保意识。

（三）活动任务

任务：制作世界各地的空气污染及其危害的小报

1. 任务目标

小组分工合作，制作PPT小报并展示交流。

2. 任务内容

（1）网上搜集资料：大气污染的简介、世界各地的大气污染实例、图片和视频资料，整理并保存到自己的文件夹。

（2）设计小报结构图，并进行讨论定稿。

（3）对图片文字及视频进行排版精简类编辑。

（4）完成小报制作，并展示交流。

小报制作自评表

小报名称			
类 项	优秀	良好	须努力
构图设计合理			
内容选择丰富，有创意			
具有动态效果			

活动 4　教室的空气与我们

一、活动简介

现代社会中，室内环境是人们接触最频繁、最密切的外环境之一，人的一生平均有超过 60% 的时间是在室内度过的，这个比例在城市里高达 80%～90%。因此，室内空气质量问题近年来倍受人们关注，人们已经认识到研究改善室内空气品质的重要性和迫切性。教室作为教师传授知识和学生获取知识的主要场所，学生一天中有近一半的时间在教室内度过，教室内空气质量状况与学生的学习和身心健康的关系十分密切。

二、关键能力的培养

跨学科的工作能力：综合运用多学科的知识探究校园内的空气质量。

三、方法与手段

交流与合作的方法：以小组为单位，合作完成探究实验。

四、活动材料

1. **活动材料与工具**：PPT、计算机、空气质量测试仪。
2. **活动任务单**：空气质量情况记录。
3. **活动总评价表**："空气质量情况记录" 活动评价单。

五、活动方案

（一）活动时间：1 课时

（二）活动过程

学生活动	教师指导要点	要求说明
一、激趣导入 师：孩子们，首先让我们深呼吸三次，吸气，呼气，接下来请回答老师一个问题：刚才你们在呼吸的时候吸进去的是什么？ 生：空气。 师：空气在哪里啊？你的左边有吗？右边有吗？前后有吗？老师的四周有没有空气？空气就在我们周围。那么今天就让研究所的老师带我们一起来认识一下我们教室里的空气吧。	学生只需回答出空气无处不在即可。	激发学生的学习兴趣。

（续表）

学生活动	教师指导要点	要求说明
二、展开 　1. 教室内空气质量数据的测定介绍。（仪器的使用、数据的读取） 　2. 分组进行测定实验。（多次测量，取平均数） 　3. 教室内一天中二氧化碳的变化数据测定方法介绍。 　4. 分组实验。 资料检索：教室内空气质量及二氧化碳含量上升对人的身心和学习可产生的影响。	可请校外专家指导学生如何使用空气质量测试仪。可通过计算机自行检索资料，结合上述数据分析教室内的空气对我们的健康影响如何。	通过分析实验数据，对应网络检索到的知识，认清教室内的空气对我们的影响。 （见活动任务）
三、总结 1. 对结果进行交流展示。 2. 小组成员对实验情况进行自评、互评。 思考改善教室内空气质量的方式。	引导学生积极思考对策。	积极思考改善方式。

（三）活动任务

任务：空气质量情况记录

1. 任务目标

　探究空气质量情况。

2. 任务内容

　　分小组活动，根据调查表的内容到校园里的各个区域进行调查研究，并记录。

　　教室内的空气质量：＿＿＿＿＿＿＿＿＿＿＿＿＿＿

　　教室内的二氧化碳含量：＿＿＿＿＿＿＿＿＿＿＿＿

　　对我们有什么影响吗？

　　＿＿＿＿＿＿＿＿＿＿＿＿＿＿＿＿＿＿＿＿＿

　　＿＿＿＿＿＿＿＿＿＿＿＿＿＿＿＿＿＿＿＿＿

　　＿＿＿＿＿＿＿＿＿＿＿＿＿＿＿＿＿＿＿＿＿

　　如何才能改善呢？

　　＿＿＿＿＿＿＿＿＿＿＿＿＿＿＿＿＿＿＿＿＿

　　＿＿＿＿＿＿＿＿＿＿＿＿＿＿＿＿＿＿＿＿＿

　　＿＿＿＿＿＿＿＿＿＿＿＿＿＿＿＿＿＿＿＿＿

"空气质量情况记录"活动评价单

	😊 满意	😮 一般	😞 不满意
实践活动参与满意度自评			

活动 5　谁把空气弄脏了?

一、活动简介

　　当前城市中的空气质量日益下降,因此,通过对空气污染的危害性的了解,不断渗透环保意识——人人都有保护空气的责任,了解周围的空气质量情况,思考改善方式,显得尤为重要。

二、关键能力的培养

激励自己和他人的能力:思考自己可以做些什么让空气变好,并带动身边人一起行动。

三、方法与手段

专业性的工作方式:阅读、结合自身生活经验等。

四、活动材料

1. **活动材料与工具**:图片、视频、手电筒。
2. **活动任务单**:制作"谁污染了空气"调查记录表。
3. **活动总评价表**:"谁污染了空气"活动评价表。

现在,混入空气中的尘埃越来越多。
在黑暗的屋子里,急猴猴打开了强力手电筒。
在手电筒的强光下,空气中的灰尘现形了。

五、活动方案

（一）活动时间：1 课时

（二）活动过程

学生活动	教师指导要点	要求说明
一、导入 1. 观看可吸入颗粒物布满天空的图片，思考这样的空气怎么了。 2. 阅读资料，了解"可吸入颗粒物"的特点及其对人类健康的危害。	学生可能会答"灰蒙蒙的""有很多灰尘、尘埃"，教师要给予鼓励，并给出专业名称：可吸入颗粒物。	联系生活实际激发学生的学习兴趣，导入活动内容。
二、展开 1. 你们知道这些可吸入颗粒物是从哪里来的吗？ 工厂排出的烟尘、汽车排出的碳烟、建筑工地上卷起的尘土…… 空气中这些可吸入颗粒物超出了空气的自净能力（自我调节能力），造成了空气污染。 2. 引起空气污染的另一种原因是：排入一些正常情况下空气中原来没有的有毒有害的成分。最典型的就是来自汽车尾气排放的气体。 3. 引导学生继续阅读，了解汽车尾气排出的有害有毒气体有哪些。 一氧化碳、氮氧化物（一氧化氮和二氧化氮）、二氧化硫…… 这些气体对人体有害，吸入有可能危及人的生命，对天气和其他生物也会带来伤害。通过图片进行"事件回放"，让学生感受更加深刻。如洛杉矶光化学烟雾事件（20 世纪 40 年代初），汽车排放大量尾气，在日光作用下，形成光化学烟雾，危害眼睛和呼吸道黏膜，75%以上的市民患了红眼病。 4. 我们可以做些什么让空气变好呢？	在学生交流后，教师再借助图片给予引导。 可以追问学生：这些气体的危害性表现在哪里？学生如果不清楚，教师要耐心地介绍，让学生感受汽车尾气的极大危害，为后面怎么保护空气埋下伏笔。	通过阅读等方式，结合自身经验进行分析，了解空气污染的危害性，不断渗透环保意识，了解周围的空气质量情况，思考改善方式。（见活动任务）
三、总结与拓展 我们坚信，只要我们不断努力，人类一定会在碧空如洗的蓝天下呼吸到洁净的空气。 课后拓展和实践活动：调查家中助动车的使用情况。	学生发表自己的意见后，再进行师生的互动与拓展。	引导学生制订课后实践计划，提升激励自己与他人的能力。

（三）活动任务

任务：谁污染了空气

1. 任务目标

寻找空气污染的源头。

2. 任务内容

学生分组活动，合作完成调查记录表，寻找空气污染的源头。

谁污染了空气?

　　（1）
　　（2）
　　（3）
　　（4）
　　……

"谁污染了空气"活动评价表

污染空气的元凶（打"√"）	优秀	良好	须努力
找到 3 个及以上			
找到 1~2 个			
没有找到			

单元主题活动案例

主题二：校园的饮水与我们

　　引导学生通过了解全球水资源不足的现状及对社会经济发展的影响，培养学生正确的资源观，增强保护水资源的责任感。

　　水对我们有多重要？世界各地的水资源情况如何？

　　今天我们喝什么水？水和我们的健康有关吗？怎样净化水？

01 活动目录

活动 1　世界各地的水资源

活动 2　水对我们有多重要？

活动 3　我们的饮用水大调查

活动 4　今天我们喝什么水？

活动 5　怎样净化我们的水？

02 活动空间

　　在未来工作坊（扩展活动）中，学生将主题知识与未来的愿景和行动计划相融合，通过不同的行动改善问题。落实行动，整合各类资源，以行动为导向实现所学知识和所培养能力的迁移与可持续运用。

　　例如，在认识水的过程中，把生活中的常识与所学的主题知识结合起来，通过行动来改善问题，培养学生观察与思考的能力。

03 活动资源

校内合作

各学科的专业师资：数学、语文、自然、信息等学科教师。
学校管理层、班主任、后勤。

校外合作

社区、减排工作坊。

活动 1 世界各地的水资源

一、活动简介

通过了解全球水资源不足的现状及对社会经济发展的影响，培养学生正确的资源观，增强保护水资源的责任感。

二、关键能力的培养

跨学科的工作能力：学生通过自然、美术、信息等学科知识了解自然现象。

三、方法与手段

交流与合作的方法：通过交流自己的网络调查资料来合作了解地球上的水资源现状。

四、活动材料

1. **活动材料与工具**：视频《妈妈，我渴》、PPT。
2. **活动任务单**：制作"世界各地的水资源"小报。
3. **活动总评价表**："世界各地的水资源"活动评价表。

五、活动方案

（一）活动时间：1 课时

（二）活动过程

学生活动	教师指导要点	要求说明
一、导入 师：你喜欢这样的风景还是那样的呢？ 　今天我们就带着珍惜水、节约水的意识来共同探讨水资源情况。 　在前面的学习中我们了解到地球上的水有海洋水、冰川水、江河湖泊水、地下水等。它们约占地球表面积的 71%，所以我们的地球是一个水球。	引导学生了解地球上水资源的分布情况。	通过情景引入，引发思考。

（续表）

学生活动	教师指导要点	要求说明
二、网络调查 那为什么我们还要去珍惜水、节约水呢？ 师：接下来，就请你们自己利用网络来调查一下世界上的水资源情况，想想为什么我们需要保护水资源。 生：交流调查资料。 师：对，不错。通过上述分析，我们可以说我们地球上的淡水资源十分有限。 在我国西北地区，水对人们来说尤为珍贵。下面我们一起来看一段令人震惊而无法想象的视频《妈妈，我渴》。 这样的场景令人震撼，那我们还等什么？现在我们就将想法付诸实践，分组讨论中国水资源的问题及其解决措施。	目前能够被人类所直接利用的只有江河湖泊水及浅层地下水，它们占整个淡水资源的 0.3%。通过上述分析，可以说我们地球上的淡水资源十分有限。（呈现三则材料） 材料一 结论：总量多，人均少。 措施：计划生育，海水淡化，植树造林。 材料二 结论：浪费多，污染重。 措施：改变不良习惯，一水多用，使用节水器具；保护水源，防止污染。 材料三 结论：空间分配不均——东多西少，南多北少。 措施：跨流域调水。（简单介绍南水北调工程）	通过交流自己的网络调查资料来合作了解地球上的水资源现状，提高交流与合作的能力以及跨学科的工作能力。 （见活动任务）
三、节约用水 学生活动（资料调查）。 同学们对身边的现象还是了解得不少，但你做到保护水、节约水了吗？ 标出缺水带，每一小组完成一个（教师给学生提示辽东半岛在哪里）。	指导学生用荧光笔标出缺水地带，引导学生思考节约用水的措施。	通过标记缺水地带的方式，感知缺水的情况，进一步增强节约用水的意识。

（三）活动任务

任务：制作"世界各地的水资源"小报

1. 任务目标

以"世界各地的水资源"为主题，进行小报制作。

2. 任务内容

学生借助网络检索、书面阅读等方式分组活动，合作完成小报的制作。

我们的地球上绝大部分都是水，但却有很多国家因为缺水受到困扰，你知道这是为什么吗？（请调查并制作一份小报）

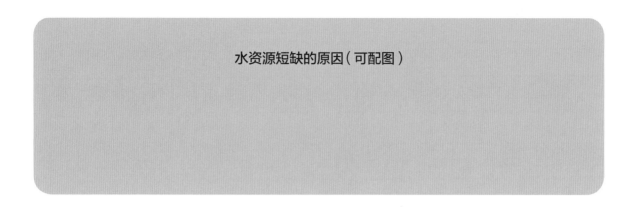

水资源短缺的原因（可配图）

"世界各地的水资源"活动评价表

小报制作（打"√"）	优秀	良好	须努力
图文并茂，交相呼应			
文字简洁，图片美观			
文字简洁明了			

活动 2　水对我们有多重要？

一、活动简介

　　搜集资料，了解地球上水资源的情况以及水在人类生产生活中的作用。通过查、看、听、问，了解我国缺水现状。实地考察，观察有哪些水浪费和污染水源的情况，搜集有关图片、照片、文字等，以情景剧模式展示出来。

二、关键能力的培养

1. **跨学科的工作能力**：学生通过自然、艺术等学科了解自然现象。
2. **激励自己和他人的能力**：小组成员一起做好计划，然后实施。

三、方法与手段

　　创设情景的方法：通过让学生自由创作和主题相关的情景剧，加深对节约用水的理解。

四、活动材料

1. **活动材料与工具**：地球仪、水瓶、多媒体。
2. **活动任务单**：情景剧设计。
3. **活动总评价表**："情景剧设计"活动评价表。

五、活动方案

（一）活动时间：1 课时

（二）活动过程

学生活动	教师指导要点	要求说明
一、导入 了解水的作用。	展示 46 亿年前、38 亿年前、400 万年前，从无生命现象到人类生命的诞生。联系生活实际谈水的作用：工业建设、农业生产、动物生存、植物生长、人类一切活动。	视频导入，引发兴趣。
二、汇报，了解水资源现状 　观察地球仪后讨论，地球上到底有多少水资源，请学生介绍地球水资源的现状，看地球上是水多还是陆地多，介绍：地球上三分之二以上是水，但可供人类直接使用的淡水资源却很少。观看用水增长统计图表，四人小组讨论，从图表中你发现了什么？ 　交流我国的水资源情况。 　小结：我国是一个缺水大国。目前缺水城市已近 300 个，严重缺水的有 40 个，北方城市几乎都缺水。	搜集资料，了解地球上水资源的情况及水在人类生产生活中的作用。 通过查、看、听、问，了解我国缺水现状。	通过观察地球仪和查找资料等方式了解我国的缺水现状。
三、导行，做节水小卫士 　看一幅真实的浪费水的生活场景图。在我们的周围，如家庭、学校、公共场所等类似的用水浪费现象，同学们注意观察了吗？ 　师：节约用水，就是创造财富。 　算一算：每人每月节约 2 千克水，全校 1500 名师生可节约水多少千克？以 1 千克水可以生产铅笔 3000 支计算，这些水可以生产多少支铅笔？ 　师：真是不看不算不知道，一看一算吓一跳。 　同学们，为了人类的生存，节约用水，人人有责呀，我们一起来分组设计一个情景剧，号召人们节约用水。	实地考察，观察有哪些浪费水和污染水源的情况，搜集有关照片、文字等，以情景剧形式展出。	通过网络调查和实地考察等方式搜集整理资料，设计一个情景剧，提升跨学科的工作能力。 （见活动任务）
四、讨论交流 　小组合作讨论、交流、汇报展示。 　通过今天的活动，你有什么收获？请你自己来总结一下。课后向家人、社会广泛宣传节水的重要性。	总结本活动所学、所感及今后的行为。	通过制订宣传计划，提升激励自己与他人的能力。

（三）活动任务

任务：情景剧设计

1. 任务目标

对节约用水有更深刻的理解。

2. 任务内容

（1）学生分组活动，并合作完成情景剧剧本设计。

（2）情景剧排练。

情景剧题目：

例：

水池：（生气状）龙头老弟，你能不能把你的头收紧？瞧你整天这样滴滴答答的，弄得我身上总是湿淋淋的，难受死了。

水龙头：（垂头丧气）唉，水池大哥，我也不想这样呀！我的头坏了，拧不紧，我也很难受呀！

……

时间：_____

演员：_____

材料：_____

"情景剧设计"活动评价表

情景剧设计（打"√"）	优秀	良好	须努力
演绎美观生动，主旨清晰			
演绎生动清晰			
剧本简洁明了			

活动 3　我们的饮用水大调查

一、活动简介

目前全国已有许多城市被列为缺水城市，并开始实行限量用水。然而，如何做才能节约水呢？能节约多少水？可以减少家庭多少水费的支出？让学生通过自己的调查和查看水表，了解家中用水的情况，并对采取节水措施前后用水量变化的现象进行分析，利用已有的学科知识进行统计和有关计算。通过讨论找出解决问题的方法。最后，制订出一套合适的家庭节水方案。

二、关键能力的培养

1. **跨学科的工作能力**：学生通过自然、信息技术等学科知识制订合理的节水方案。
2. **理解与合作的能力**：小组合作进行观察、实验。
3. **激励自己和他人的能力**：小组成员一起做好计划，然后实施。

三、方法与手段

专业性的工作方式：通过调查问卷的设置和数据处理，找出问题，并设想解决方式。

四、活动材料

1. **活动材料与工具**：图片、多媒体资料。
2. **活动任务单**："用水大侦查"调查记录。
3. **活动总评价表**："用水大侦查"活动评价表。

五、活动方案

（一）活动时间：1 课时

（二）活动过程

学生活动	教师指导要点	要求说明
一、提出问题，引导关注 1. 你家有几口人？一个月用多少吨水？交多少水费？ 2. 为什么每个家庭的月用水量不一样？ 3. 你家每天用水做什么？	提前布置：向家人了解家庭用水情况。	初步掌握节约用水的方法，通过看水表了解家中用水量的变化。提升学生理解与合作的能力。
二、展开 1. 设计研究方案。 2. 实施调查项目，整理调查结果。 （1）用一周时间，观察自己家里有哪些活动或者事项需要用水。 （2）记录整理：将观察到的家中的用水事项进行汇总。 （3）实践： 想一想：什么样的测量方法最简单，最精确？应该用什么样的计量单位？ 3. 对自己测量的数据进行整理，在此基础上测算出每个家庭的平均用水量。 4. 调查研究： （1）每个学生调查家里一周的用水量（单位：吨）。 （2）通过调查研究，总结自己家在用水方面存在哪些问题。 （3）通过讨论，拟订家庭节水措施。	（1）收集、整理需要研究的问题。（2）共同制订研究问题的方案。通过讨论，拟订小组方案；设计调查表格。让学生分工，观察、测量用水事项。 a. 刷牙时关上水龙头。 b. 在淋浴中涂肥皂时关上水。 c. 安装（或改造成）节水马桶。 d. 淘米洗菜用过的水再作他用。 e. 把衣服储满后才用洗衣机清洗，清洗衣服后的水再作他用。 f. 随时关紧水龙头，安装节水龙头。 ……	知道节约用水不仅可以减少家庭支出，更重要的是节约资源。养成发现问题、思考问题、解决问题的能力。养成收集、整理资料的能力。提升学生跨学科的工作能力。 （见活动任务）

（续表）

学生活动	教师指导要点	要求说明
三、总结与拓展 　　采取节水措施后，再记录家中一周用水量。注意：调查期间，除节水措施外，其他条件不要发生变化。 　　（1）计算：节水前后家中用水量的变化。如果水费价格为 2.00 元 / 吨，你们家一月可节约水费多少元？一年可节约水费多少元？将计算结果告诉父母及同学。 　　（2）分析、比较调查结果。 　　（3）得出结论：采取节水措施后，减少了家庭用水量及水费。	提醒学生注意数据单位。	进一步增强学生的节水意识和主动参与意识。树立保护环境，从我做起、从身边做起的意识。进行简单的数据处理，并对结果做出一定的解释。学习设计合理的节水方案或对当前不合理的用水现状提出改进措施。

（三）活动任务

任务：用水大侦查

1. 任务目标

　　调查身边的用水情况。

2. 任务内容

　　小组活动，根据调查表的内容去调查身边的用水情况，并作记录。

　　小侦探们，我们身边的人都把水用在了哪里？用了多少水？

　　请把用途和用水量在水滴里表示出来（绘图 / 文字）。

"用水大侦查"活动评价表

水的用途和用水量（打"√"）	😊 优秀	🙂 良好	😟 须努力
找到四种用途			
找到三种用途			
找到两种用途			

活动 4　今天我们喝什么水？

一、活动简介

鉴于社会环境问题日益严重的现象，学生运用科学的方法调查研究我们日常的饮用水是否安全、周围人群对于造成水污染的复杂成因及其对人体健康负面影响的了解程度，拟定解决办法，并向身边的人进行宣传解释。

二、关键能力的培养

1. **跨学科的工作能力**：学生利用自然、美术等学科知识，结合调查问卷结果和校外专家专业性的检测数据，自行分析思考。
2. **激励自己和他人的能力**：小组成员一起做好计划，然后实施。

三、方法与手段

专业性的工作方式：观察，实验。

四、活动材料

1. **活动材料与工具**：水质监测仪、烧杯、矿泉水、自来水等。
2. **活动任务单**：水质情况记录表。
3. **活动总评价表**："水质情况记录"活动评价表。

五、活动方案

（一）活动时间：2课时

（二）活动过程

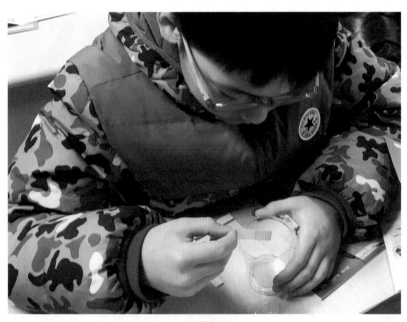

水质检测

学生活动	教师指导要点	要求说明
一、导入 1. 思考：我们今天所喝的水与生命有没有联系？ 2. 交流：上海地区居民饮用水状况调查结果。 3. 讨论：这样的饮水习惯会给我们的健康带来什么影响？ 猜测：今天我们喝的水是什么样的？	调查内容包括：水环境现状、水环境污染对人体健康可能产生的影响、居民的饮水和用水习惯等。	通过交流自己的调查问卷结果，发现疑问。
二、展开 1. 猜测：不同来源的水，水质情况会不会相近？如何检测水质情况？ 2. 观察：如何测定水质情况？ 3. 思考：怎样判别不同水样的水质检测结果？ 4. 讨论：对实验结果进行分析小结，找出最适于饮用的水。 交流：结合调查问卷，谈一谈我们平时喝的水是不是健康的。	通过与校外专家交流，了解专业性的工作方式，指导学生进行水质检测。	结合调查问卷结果与校外专家专业性的检测数据，让学生自行分析思考，提升跨学科的工作能力。 （见活动任务）
三、总结与拓展 1. 讨论：我们怎样才能够喝到更健康的水？ 2. 点子竞赛：提出以创意的方式解决问题的建议。 创意畅想小展览：为画报展示作准备。	观察：创意点子举例。 能喝的书：以史上最强的过滤纸做成的书，不仅过滤水，更能普及用水卫生的常识，一本书可以满足一个人4年的饮水量。	通过创意点子的设计，提升激励自己和他人的能力。

（三）活动任务

任务：水质情况记录

1. 任务目标

记录水质情况。

2. 任务内容

分小组活动，根据调查表的内容进行调查研究并记录。

水质情况记录表

	pH	浑浊度	COD	其他
纯净水				
自来水				
桶装水				
软化水				
净化水				

我发现：_____水不适合饮用，_____水最适合饮用。

我的办法：_____

"水质情况记录"活动评价表

水质情况记录（打"√"）	优秀	良好	须努力
轻声讨论并完成学习单			
及时记录数据			
未记录数据			

活动 5 怎样净化我们的水？

一、活动简介

　　了解水的净化，是通过相应的过滤材料，根据不同的最终用水需求，以物理或化学的方式，去除水中的铁锈、泥沙、余氯、有机物、有害的重金属离子、细菌、病毒等的过程。显而易见，如果水净化全程运用的是物理过滤方式，则不会在水中产生或添加任何新的物质，更不会改变水的性状，因而是最安全的方式。

二、关键能力的培养

理解与合作的能力：小组成员一起完成实验，观察实验结果并进行讨论。

三、方法与手段

行动指向的方法：学生通过动手操作实验，加深对水质净化的理解。

四、活动材料

1. **活动材料与工具：**PPT、视频资料、过滤器。
2. **活动任务单：**水先生的奇幻旅程。
3. **活动总评价表：**"水先生的奇幻旅程"活动评价表。

水质净化

五、活动方案

（一）活动时间：1 课时

（二）活动过程

学生活动	教师指导要点	要求说明
一、导入 讨论：人类的哪些行为会污染自然界的水？交流资料。	结合学生自己收集的资料加以补充。教学中可以由教师同步演示上述方法。	以学生自己收集的资料导入，增加学生的学习兴趣。
二、展开 往一杯清水中滴墨汁，观察水质的变化情况。 讨论怎样可以使这杯水变清。 组装一个过滤装置。 观察水过滤后的变化。	过滤器中的活性炭可以用干净的细沙代替，但效果会差一些。将墨汁水倒入试管中，加少量明矾，使其沉淀，也会使水质变清；或将墨汁水进行蒸馏，同样可以得到净化。	通过实验操作和讨论，提升学生理解与合作的能力。（见活动任务）
三、总结与拓展 观察教材中的插图，说说自来水生产加工的几个过程。 （教材插图从左到右，分别表示自来水生产的三个基本过程：沉淀、过滤、消毒。） 观看影视资料。	配合观看影视资料。	通过图片、文字与视频联系实际，了解水的过滤过程。

（三）活动任务

任务：水先生的奇幻旅程

1. 任务目标

知道自来水的过滤和加工步骤。

2. 任务内容

（1）参观自来水厂。

（2）小组合作，记录水的旅行。

参观自来水厂，揭秘水的旅途，把下面的图片补充完整（用图画或文字表示；用箭头连接）。

"水先生的奇妙旅程"活动评价表

水先生的奇妙旅程（打"√"）	优秀	良好	须努力
完成全部旅程，表达清晰、美观			
完成全部旅程，表达清晰			
完成部分旅程			

单元主题活动案例

主题三：校园的食物与我们

饮食满足身体的各种营养需求：有足够的热能维持体内外的活动；有适量的蛋白质供生长发育、身体组织的修复更新和维持正常的生理功能；有充分的无机盐参与构成身体组织和调节生理机能；有丰富的维生素以保证身体的健康，维持身体的正常发育，并增强身体的抵抗力；有适量的食物纤维，用以维持正常的排泄及预防某些肠道疾病；有充足的水分以维持体内各种生理程序的正常进行。

各地的人们都在吃什么？我们每天吃的食物安全吗？

食物安排合理吗？对我们有什么影响吗？

01 活动目录

活动1　世界各地每天的食物

活动2　我们需要哪些营养？

活动3　我们的食品安全吗？

活动4　当我们遇到不良食品

活动5　校园食物从哪里来？

02 活动空间

在未来工作坊（扩展活动）中，学生将主题知识与未来的愿景和行动计划相融合，通过不同的行动改善问题。落实行动，整合各类资源，以行动为导向实现所学知识和所培养能力的迁移与可持续运用。

例如，在认识食物的过程中，把生活中的常识与所学的主题知识结合起来，通过行动来改善问题，培养学生观察与思考的能力。

03 活动资源

校内合作

各学科的专业师资：语文、美术、自然、音乐等学科教师。

学校管理层、班主任、后勤。

校外合作

社区。

活动 1　世界各地每天的食物

一、活动简介

学生要通过一系列的活动来建立"食物种类很多，并含有丰富的营养，保持营养全面合理，才能使身体健康"的认识，而这个认识不能通过说教给予学生，是需要学生在了解人体生命活动需要营养的基础上，来建立营养和均衡膳食的概念。

二、关键能力的培养

理解与合作的能力：小组合作进行记录、讨论和分类。

三、方法与手段

行动指向的方法：通过记录一天的食物并对食物进行分类，思考如何进行科学饮食。

四、活动材料

1. **活动材料与工具**：视频、食物金字塔、食物卡片。
2. **活动任务单**：了解世界各地每天的食物。
3. **活动总评价表**："世界名地每天的食物"活动评价表。

各地食物

五、活动方案

（一）活动时间：1课时

（二）活动过程

学生活动	教师指导要点	要求说明
一、交流世界各地每天的食物 看看有没有什么共同点？ 你听到了什么问题？我们就从世界各地每天的食物开始关于食物的研究吧。	请同学们仔细看，认真听。人为什么要吃东西？一天中，我们要吃多少食物？	通过世界各地的美食导入，激发学生的学习兴趣。
二、记录一天的食物 1. 在过去的一天中，你吃过哪些食物呢？ 2. 按照科学的、合理的方法，把昨天一天的食物记录下来。 想一想，我们可以按照什么顺序进行记录呢？ 记录前，请大家看一下要求。 学生记录，教师巡视。 3. 学生汇报。	（以此激发学生对一天所吃食物的回忆）如果我们只是靠口头说，能把一天的食物记下来吗？ 按早餐、午餐、晚餐的顺序将我们一天吃的食物记录到一天食物记录表中。 记录要求： A. 记录要实事求是，吃过多少食物就记多少。 B. 仔细回忆，尽量做到记录无遗漏。 C. 完成记录后，小组交流。 D. 把你们的发现，写在表格下方。 记录完成后，小组同学相互交流，然后汇报。	通过小组交流，了解组内成员一天的食物，提高学生理解与合作的能力。（见活动任务）
三、引导学生针对一餐食物进行分类，渗透科学饮食的观念 1. 按主食和副食分类。 把分类结果记录在午餐食物分类表中。 你们发现了什么？ 小结。 2. 按荤食和素食分类。 同学们，想一想我们还可以按什么给食物分类？ 把晚餐吃的食物按照荤食和素食进行分类。 请同学们先看一下要求。 你们有什么发现？ 你们小组怎么分的？遇到了什么困难？ 学生汇报。 通过分类，你们发现了什么？（引导学生发现，我们吃的食物是荤素搭配的。） 小结：我们吃的这么多的食物，除了可以分为主食和副食外，还可以分为荤食和素食。平时我们吃的食物中，很多都是荤素搭配的。	教师引导学生按照不同的维度对食物进行分类。 具体操作时可采用标注的方法快速完成分类。如，在荤食下面画横线，素食下面什么都不画，不确定的圈出来。	通过对食物的分类，了解维持人体健康需要各种不同类型的食物。

（续表）

学生活动	教师指导要点	要求说明
3. 按生食和熟食分类。 我们还可以按什么给食物分类？ 想一想，晚餐的食物中哪些是生食，哪些是熟食，我们发现了什么？ 学生汇报。（引导学生发现，我们吃食物的时候，往往是生食与熟食搭配的。） 小结：大家每天吃的食物如此丰富，我们可以把这些食物按不同的标准进行分类。我们发现，生活中，我们是主食和副食，荤食和素食，生食和熟食等搭配着吃的。	教师巡视过程要注意哪些小组无法完成分类，比如学生不知道饺子、西红柿炒蛋等食物如何分类时，可以引导学生关注如何把混合类食物进行拆分。	思考如何拥有更科学健康的饮食。

（三）活动任务

任务：世界各地每天的食物

1. 任务目标

了解各地每天的食物。

2. 任务内容

记录自己每天的食物。

早	主食	副食
中	荤食	素食
晚	生食	熟食

} 搭配

"世界各地每天的食物"活动评价表

世界各地每天的食物（打"√"）	优秀	良好	须努力
完成学习单且分类清晰			
及时完成学习单			
未全部完成			

活动 2　我们需要哪些营养？

一、活动简介

人吃饭不只是为了填饱肚子或是解馋，主要是为了保证身体的正常发育和健康。一日三餐究竟选择什么食物，怎么进行搭配，采用什么方法来烹调，都是有讲究的，并且因人而异。本活动有助于了解人类需要的主要营养及其来源；懂得营养要全面、合理的重要性；促使学生关心饮食，乐于用学到的知识提高自己的饮食质量，养成良好的饮食习惯；增进学生的健康意识。

二、关键能力的培养

前瞻性的思考与行动能力：激励学生思考正确的饮食方式。

三、方法与手段

行动指向的方法：通过认识不同食物中的不同营养成分，有建立科学合理的饮食习惯的意识并付诸行动。

四、活动材料

1. **活动材料与工具：**PPT。
2. **活动任务单：**食谱宣传小报。
3. **活动总评价表：**"食谱宣传小报"活动评价表。

五、活动方案

（一）活动时间：1 课时

（二）活动过程

早餐食谱随想

学生活动	教师指导要点	要求说明
一、导入 1. 今天上课前，看老师给同学们带来了什么？ 2. 能用一个词概括这些东西吗？ 3. 大家每天都吃食物，有谁知道，我们为什么要吃食物啊？ 师：营养对我们有什么帮助呢？ 师：说得太好了！食物对我们人体的生长很重要，下面就来研究我们吃的食物。	播放 PPT，出示活动主题。	知道食物含有的六种主要营养成分，知道人需要的营养成分主要来自食物。
二、自定标准，给食物分类 1. 看图片，想一想，议一议：可以把它们分成几类？ 2. 汇报分类情况。 3. 小结。	PPT 出示各种食物。	通过自定标准给食物分类，提高学生交流与合作的能力。
三、认识不同的食物有不同的营养 1. 请同学们阅读资料，把你知道的营养成分画出来。 2. 分组学习，讨论：按食物含有的主要营养成分，食物可以分哪几类？各有什么作用？ 3. 汇报交流。 4. 不同类的食物中分别含有哪些不同的营养成分？它们分别有什么作用呢？ 5. 小结：通过研究，你对食物的分类和食物的营养有了哪些新的认识？	引导学生了解食物中含有不同的营养成分，知道营养学家给食物分类的标准。 淀粉类：碳水化合物——供给能量。 鱼、肉、蛋、奶、豆类：蛋白质——长身体的营养。 油脂类：脂肪——保持体温。 蔬菜、水果类：维生素和矿物质——保持健康。 水——细胞和体液重要成分。	通过分类活动，知道食物中各种营养成分的作用。
四、根据营养成分进行食物分类 1. 认识主要食物营养成分表，发现了什么？ 2. 能不能根据食物的营养成分将食物进行分类呢？ 3. 小组合作。 4. 汇报交流。	PPT 出示食物营养成分表。	能按食物含有的主要营养成分给食物分类，进一步巩固标准的分类方法，提高学生交流合作的能力。
五、认识食物营养成分标签 1. 通过"主要食物营养成分表"，了解它们的营养成分。 2. 比较大米和面粉的营养成分，判断哪个的碳水化合物成分高。 3. 想一想：怎么判断垃圾食品？	出示食物营养成分表。	能用图表进行分类统计并分析统计结果。
六、检测食物中的营养成分 1. 认识实验器材及注意事项。 2. 碘酒"探测"淀粉实验，观察实验现象。 3. 小组汇报实验结果。 4. 检测花生米里有没有油脂。	课件中出示检测方式。	能用实验的方法检测食物中是否含有淀粉和脂肪。

（续表）

学生活动	教师指导要点	要求说明
七、统计班上学生最爱吃的一种食物 1. 说说自己最喜欢吃的食物。 2. 统计全班同学最喜爱吃哪种食物，思考爱吃的食物含有什么主要营养成分。 3. 讨论只吃我们爱吃的食物行不行。	食物要多样化，不能偏食、挑食。 画出理想状态下的食谱。	通过分析所吃食物的营养成分，意识到食物多样化的必要性，知道不能偏食、挑食，提升前瞻性的思考与行动能力。
八、总结交流 得出结论，汇报交流。	总结本活动所学、所感及今后的行为。	总结提升。

（三）活动任务

任务：食谱宣传小报

1. 任务目标

认识正确的饮食习惯。

2. 任务内容

回忆、调查自己一天的食谱。

自己一天的食谱

	荤	素
早：		
中：		
晚：		

"食谱宣传小报"活动评价表

小报名称			
类 项	😊 满意	😐 一般	😟 不满意
构图设计合理			
内容选择有创意			
具有动态效果			

活动3 我们的食品安全吗?

一、活动简介

由于小学生比较喜欢吃加工食品,又对加工食品中的添加剂缺乏了解。因此在本活动中,要通过调查加工食品是否安全,使学生了解造成加工食品不安全的因素,认识食品安全问题。通过讨论天然食品是否安全,学生认识环境污染及其他操作污染的存在状况和食物腐败变质的常见现象,进而了解安全饮食常识。

二、关键能力的培养

前瞻性的思考与行动能力:通过实验、观察等方式,思考食品添加剂可能对人造成的伤害。

三、方法与手段

专业性的工作方式:观察、实验。

四、活动材料

1. **活动材料与工具:**PPT、视频、密码卡。
2. **活动任务单:**"我们的食品安全吗"调查问卷设计表。
3. **活动总评价表:**"调查问卷设计"活动评价表。

五、活动方案

(一)活动时间:1课时

(二)活动过程

学生活动	教师指导要点	要求说明
一、导入 看一段视频，看完之后说说有什么感受。	盘点食品安全事故。	知道食物与我们的健康息息相关。然而，我们的饮食危机四伏。
二、了解食品分类 1. 榨汁：这里有一杯鲜橙汁和一杯芬达，问：如果给你选择，你觉得哪一杯好喝？为什么？（天然的和加工过的） 2. PPT：秘密就在它们的配料表里。 师：请观察一下，二者的成分有什么不同？ 3. 小结。我们常吃的食物可以分为加工食品和天然食品，如火腿肠和肉。 4. 活动：分小组讨论，选出平常最爱吃的两种食物的名称，用记号笔写在便笺贴上，每张纸只写一种食物的名称，写大顶满，再把它们贴在黑板上食品分类的位置。（不会写的字用拼音代替）看哪一组同学是火眼金睛，区分出加工食品与天然食品，完成得又快又好。PPT上的食物名称可以参考使用。 5. 交流总结。	教师引导学生找到色素等食品添加剂的使用。市面上有23类2400多种添加剂。常用的添加剂种类有防腐剂、膨松剂等。	通过切身体验，了解食品添加剂在生活中的应用。
三、认识食品添加剂 1. 刚才我们看芬达配料表的时候，发现里面加入了除白砂糖和水这些常吃食物之外的化学物质，它们是食品添加剂。这些食品添加剂有什么作用呢？ 2. 实验：今天老师也带来了几种糕点常用的食品添加剂。 对比两种饮料，观察这两位同学的舌头，看看有什么区别？ 判断：哪一种颜色鲜艳？哪一种是天然色素？哪一种是人造色素？能防腐的亚硝酸钠，超量食用后，轻者恶心呕吐、皮肤青紫，重者昏迷抽搐、呼吸衰竭甚至死亡。 3. 认识其他添加剂。我们熟悉的花椒、八角等是天然香料。和色素一样，人造的香精、防腐剂、膨松剂等都是有毒性的。	补充资料：人造色素是从煤焦油里提炼出来的，经动物实验，具有一定的毒性，能损伤人的肝脏和肾脏，甚至致癌。	学生通过实验观察等方式思考食品添加剂对人可能造成的伤害，培养学生前瞻性的思考与行动能力。（见活动任务）

（三）活动任务

任务：调查研究

1. 任务目标

调查同学们的饮食习惯，了解食品添加剂的食用情况。

2. 任务内容

分小组活动，根据调查表的内容进行调查研究，并作记录。

调查问卷设计

调查目的：

调查计划：

具体题目，如：

你平时多久会喝一次碳酸饮料？

A. 几乎不

B. 大约每月一次

C. 大约每周一次

D. 2 天一次及更多

"调查问卷设计"活动评价表

活动满意度（打"√"）	优秀	良好	须努力
问卷结构设计合理，必备元素齐全			
问卷内容丰富，符合调查的目的			
问卷回收效果良好，能较好地了解同学们日常食用食品添加剂的情况			

活动 4　当我们遇到不良食品

一、活动简介

俗话说：民以食为天。说得通俗一点，食物是人们每天必需的，它是人类赖以生存的物质。食品的质量决定了人类生命的质量。

二、关键能力的培养

跨学科的工作能力： 综合运用多学科的知识，编排一个和食品有关的情景剧，激励学生思考食品安全的问题。

三、方法与手段	**行动指向的方法**：通过行动来改善问题，培养学生观察与思考的能力。

四、活动材料	1. **活动材料与工具**：各类食品包装袋、视频。 2. **活动任务单**："当我们遇到不良食品"情景剧设计。 3. **活动总评价表**："情景剧设计"活动评价表。

五、活动方案	**（一）活动时间：1 课时** **（二）活动过程**

学生活动	教师指导要点	要求说明
一、导入 1. 我们怎样才能知道哪一种是比较安全的？食品安全信息都在食品包装袋上，包括一些食品标志。让我们调查常吃食品的包装袋，并将调查结果写在记录单上。 2. 汇报：安全的理由是添加剂数量少。 3. 零食里有添加剂，最常用的调味品中是否也有添加剂呢？	要求合作完成，一个同学记录，其他同学每人调查一个食品袋。 据调查表明：现代食物中有 97% 都含有添加剂。而且在很多情况下，如果没有合适的添加剂，加工食品会更不安全！	引导学生从生活中发现问题。
二、展开 1. 老师也做了调查：某面制品没有生产日期，没有食品安全标志。它安全吗？趁机插入"三无"产品。这类食品安全吗？ 2. 你还能找到哪些食品标志？与仅有食品安全标志的食品相比，哪个更安全？ 3. 既然检验合格的加工食品是安全的，刚上课时老师播放的视频里，含吊白块的粉丝，含苏丹红的红心鸭蛋等食品安全事故又是什么原因造成的呢？请看视频里的专家意见。看了这段视频，你想说什么？ 4. 总结：加工食品里影响食品安全的主要因素是食品添加剂。 因此，对于颜色鲜艳、味道香、好看又好吃的加工食品，我们应当怎样对待？ （1）少吃。 （2）不吃"三无"食品。 （3）在食品的保质期内食用。 （4）少吃膨化食品和麻辣肉味豆制品等。	举例，趁机切入"三无"产品，自己做的"果汁"。 了解食品安全标志，相机插入安全标志、绿色食品标志。食品添加剂经强制检验合格，用量符合标准，这样的食品还是安全的。 这些害处都是在食用过量的情况下才会产生。而那些造成重大事故的添加剂，往往不是被允许的添加物质过量所致，而是非食用物质被违法添加的结果。 （板书：加工食品添加剂）时尚小吃里食品添加剂数量较多，如方便面、麻辣豆制品、薯片、膨化食品。	通过观察、联系实际等方式进一步了解食品安全的重要性。

（续表）

学生活动	教师指导要点	要求说明
三、认识天然食品是否安全 　根据之前了解到的知识，编排一出情景剧，告诉大家不安全的食物给我们带来的危害。	指导学生编排情景剧。	综合运用多学科的知识，编排一个和食品安全有关的情景剧，提高学生跨学科的工作能力。（见活动任务）

（三）活动任务

任务：情景剧设计

1. 任务目标

　分组设计并出演一个情景剧，体现食品安全的重要。

2. 任务内容

　设计并出演一个情景剧。

情景剧设计：

主　　旨：_____

_____

演职人员：_____

_____

剧本

　场景一：

　旁白：某天夜里，小艺忽然感到肚子一阵剧痛，脸色发白，爸爸妈妈赶忙将他送到了医院。

演员 1：作疼痛状

演员 2：

演员 3：

"情景剧设计"活动评价表

活动满意度（打"√"）	优秀	良好	须努力
情景设计合理，具有吸引性和启发性			
内容选择能体现出食品安全的重要性			

活动 5　校园食物从哪里来？

一、活动简介

调查了解自己校园内的食物来源，进一步提高食品安全意识。知道食品本身不应含有有毒有害的物质。但是，食品在从种植或饲养、生长、收割或宰杀、加工、贮存、运输、销售到食用前的各个环节中，由于环境或人为因素的作用，可能使食品受到有毒有害物质的侵袭而造成污染，使食品的营养价值和卫生质量降低，这个过程就是食品污染。

二、关键能力的培养

激励自己和他人的能力：小组成员一起做好计划，然后实施，开展校园食品安全大调查。

三、方法与手段

专业性的工作方式：调查、实验。

四、活动材料

1. **活动材料与工具：**PPT、小报、食堂食物、调查问卷。
2. **活动任务单：**列举提高食品安全意识的措施、校园食品安全大调查。
3. **活动总评价表：**"校园食物从哪里来"活动总评价表。

校园食品安全调查

五、活动方案

（一）活动时间：2 课时

（二）活动过程

学生活动	教师指导要点	要求说明
一、认识食品安全形势 1. 导入：了解食品安全的重要性，了解校园里的食品是否安全。 2. 认识食品安全形势。 3. 食品安全形势非常严峻，还体现在哪里？餐饮业存在的卫生问题；街头流动摊点的卫生问题；生产企业的不规范行为；个人的不科学饮食习惯。	初级农产品源头污染仍然较重。食品流通环节经营秩序不规范。食品生产加工领域假冒伪劣问题突出。	使学生认识到什么是食品安全及食品安全的重要性，了解当下食品安全的形势。
二、校园食品安全大调查 了解学校的食品来源。（采访食堂叔叔阿姨）	带领学生到食堂进行实地考察和采访，事先以小组合作的形式，准备好调查问卷，做好计划。	通过小组成员一起做好计划，然后实施，培养学生激励自己和他人的能力。 （见活动任务一）
三、提高食品安全意识 1. 为什么开展校园食品安全知识教育？ 2. 在实际生活中，如何提高食品安全意识？（小组交流） （1）关注购买地点，不要在路边小摊点购买食品。 （2）关注厂名、厂址、生产日期、保质期，不要购买"三无"产品。 （3）关注食品配方和功能。 （4）关注加工方式。 （5）关注产品包装质量。 提高我们的食品安全意识，养成良好的饮食习惯，学习食品安全知识已刻不容缓。现在让我们赶快补补这一课吧！大家来比一比，看谁知道得多，错的题目要说一说为什么错。	判断下列说法或做法是否正确。 （1）小红经常食用流动摊点的小吃、零食。（　　） （2）菜刀切完生的食品后不清洗就直接切别的菜。（　　） （3）夏天，小明上午在熟食店买好熟菜后，用塑料袋包装好拿到学校中午吃。（　　） （4）吃饭前后应该要洗手，在接触肉和蛋类后也应该马上洗手。（　　） （5）食物做好后，应尽快食用，不要长时间放在常温下。（　　） （6）有臭味的食物，煮一煮就可以吃。（　　） （7）咸肉、腌鱼等含盐多的食物，不用消毒。（　　） （8）冰冻的食物很干净。（　　）	使学生明白开展校园食品安全知识教育的重要性，提高学生的食品安全意识。 （见活动任务二）

（三）活动任务

任务一：校园食品安全大调查

1. 任务目标

了解学校食堂的食品储存方式。

2. 任务内容

采访食堂叔叔阿姨，探究校园食品安全。

采访内容：

1. 学校食堂的食物是如何储存的？

_____

_____

2.（其他采访问题）_____

我发现：_____

我想到的办法：_____

_____

_____

任务二：如何提高食品安全意识？

1. 任务目标

寻找食品安全的措施。

2. 任务内容

分小组活动，列举提高食品安全的方式。

提高食品安全意识的措施

序号	"我们一起争当食品安全小卫士"
1	
2	
3	
4	

"校园食物从哪里来"活动总评价表

活动满意度（打"√"）	优秀	良好	须努力
能合作完成校园食品安全大调查，了解学校食堂的食品储存方式			
能通过小组合作，列举出能有效保障食品安全的措施			

[单元主题活动案例]

主题四：校园的声音与我们

声音无处不在。没有了声音，世界就安静了，犹如死水一般沉静。生活处处都有声音，声音也是不可或缺的。

声音是怎么传播的？有声污染吗？

校园里的声音对我们的健康有什么影响吗？怎样才能让我们听得更清楚？

01 活动目录

活动 1　认识声音的传播

活动 2　了解校园里的声音

活动 3　噪声有什么危害？

活动 4　上课时你听清了吗？

02 活动空间

在未来工作坊（扩展活动）中，学生将主题知识与未来的愿景和行动计划相融合，通过不同的行动改善问题。落实行动，整合各类资源，以行动为导向实现所学知识和所培养能力的迁移与可持续运用。

例如，在认识声音与噪声的过程中，把生活中的常识与所学的主题知识结合起来，通过行动来改善问题，培养学生观察与思考的能力。

03 活动资源

校内合作

各学科的专业师资：语文课、数学课、美术课、自然课、音乐课、信息课等教师。

学校管理层、班主任、后勤。

校外合作

社区。

活动 1　认识声音的传播

一、活动简介

在了解声音与我们健康的关系之前，需要先了解一下声音的产生与传播方式。噪声是指发声体做无规则振动时发出的声音。声音由物体的振动产生，以波的形式在一定的介质（如固体、液体、气体）中进行传播。

二、关键能力的培养

理解与合作的能力：小组合作进行观察、实验。

三、方法与手段

专业性的工作方式：观察、实验。

四、活动材料

1. **活动材料与工具：** PPT、视频、空气袋、水袋、沙袋、怀表。
2. **活动任务单：**制作"线电话"。
3. **活动总评价表：**"认识声音的传播"活动总评价表。

声音在多媒体教室中的传播

五、活动方案

（一）活动时间：1课时

（二）活动过程

学生活动	教师指导要点	要求说明
一、导入 想一想：宇航员在太空中是怎么交流的？为什么？ 观察：电铃发声视频。 交流：你发现了什么现象？ 思考：这个现象说明了什么？ 小结：空气能够传播声音。	引导学生比较前后实验现象，证明空气能传播声音。	通过观察实验，初步知道声音需要通过物质来传播。
二、可以传播声音的物质 思考：除了空气，我们生活中还有哪些东西可以传播声音呢？ 尝试：不同介质传声，如固体、水（游泳）等。 分类：可以传声的物体分为三类：固体、液体、气体。 想一想：三种物质传声本领一样吗？ 观察：不同的实验材料。 思考讨论：比较空气、水、沙传声本领的实验方案及注意事项。 实验：比较空气、水、沙的传声本领。 交流：你们发现了什么？ 小结：通过这个实验你们能得出什么结论？ 思考：有没有什么方法，能让我们更清楚地听到声音？	学生想不到时，教师可提示。例如，游泳时能不能听到声音。	通过实验、比较，初步了解气体、液体、固体均能传播声音，且固体传播声音的本领一般大于气体和液体。提高学生理解与合作的能力。
三、制作"线电话" 观察：制作材料。 设计：根据所给材料设计"线电话"。 制作："线电话"。 玩一玩："线电话"。 交流："线电话"的玩法，你听到声音了吗？ 想一想：在玩"线电话"的时候你发现了什么？ 小结：不仅声音的产生需要物体振动，传播声音同样也需要物体的振动。 拓展活动：利用手中完成的"线电话"，让一个人说的话被更多人听到。	为了节约时间，材料可以事先准备好，如先将一次性纸杯钻好孔等。 引导学生注意"线"的交叉使用。	通过动手制作，激发学生进一步探究声音传播现象的兴趣。通过自主探究，进一步了解声音传播的特点。 （见活动任务）
四、课后拓展 感受一下金属线、塑料线、棉线的传声本领是否相同。	引导学生进行对比实验。	通过设计控制变量实验，提高规范实验的能力。

（三）活动任务

1. 任务目标

尝试制作"线电话"，找出"线电话"的传声原理。

2. 任务内容

分小组活动，尝试使用"线电话"通话，并作记录。

我们的"线电话"玩法（可用图片或文字表示）

听不到的：

听得到的：

"认识声音的传播"活动总评价表

活动满意度（打"√"）	优秀	良好	须努力
能了解各类可传播声音的物质，并比较其不同			
活动中小组成员间合作默契			
制作的"线电话"能清楚听到声音，并找出"线电话"的传声原理			

活动2　了解校园里的声音

一、活动简介

　　通常所说的噪声污染是指人为造成的。从生理学观点来看，凡是干扰人们休息、学习和工作以及对你所要听的声音产生干扰的声音，即不需要的声音，统称为噪声。了解校园中各处的声音，测试其音量及其来源，为了解我们生活中的噪声情况做准备。

二、关键能力的培养

前瞻性的思考与行动能力：激励学生思考应对噪声的方式。

三、方法与手段

专业性的工作方式：观察、实验。

四、活动材料

1. **活动材料与工具**：PPT、分贝仪。
2. **活动任务单**：调查校园里的声音。
3. **活动总评价表**："了解校园里的声音"活动总评价表。

声音在各个教室中的传播

五、活动方案

（一）活动时间：2课时

（二）活动过程

学生活动	教师指导要点	要求说明
一、谈话导入，引入情境 　　生活中声音非常丰富，非常美妙。走进校园时，有同学们读书的声音，老师讲课的声音。在校园里，书声琅琅。走进教室时，有同学们讨论的声音，有窃窃的聊天声，还有写作业的沙沙声。在教室里，声音悦耳动听。今天，老师就带领大家一起去倾听我们的校园。	可播放事先拍摄的视频或请同学配合演示。	懂得交流与讨论可以引发新的想法，激发学生学习兴趣。
二、展开 　　1. 师：上节课我们研究了声音的产生和传播，这节课我们接着来研究声音，首先来听几段声音，听后你有什么感受？ 　　2. 播放声音，学生聆听。 　　3. 学生谈感受：萨克斯吹出的音乐使人心情愉悦……汽车的喇叭声使人心情烦躁…… 　　4. 师小结：我们通常把好听的、令人心情愉悦的声音称为乐音，把难听的、令人心情烦躁的声音称为噪声。噪声同污水、废气、垃圾被称为污染环境的四大公害。这节课我们就来研究校园中的声音属于哪一种。 　　5. 利用仪器，来测试一下校园中声音的分贝数。	此处用时较长。仪器的使用须提前演示。	会查阅书刊或其他信息源，能选择自己擅长的方式表述研究过程和结果。能区分乐音和噪声，了解噪声的危害和防治方法。 （见活动任务）
三、总结交流 　　交流结论并进行汇报。	同步演示数据。	激励学生思考应对噪音的方式，培养学生前瞻性的思考与行动能力。

（三）活动任务

任务：调查校园里的声音

1. 任务目标

　　测定校园中各个不同地方的分贝。

2. 任务内容

　　分小组活动，根据调查表的内容去校园里的各个区域进行测定，并作记录。

校园里的声音

地点	分贝数	声音主要来源
教室		
操场		
音乐教室		
劳技教室		

"了解校园里的声音"活动总评价表

活动满意度（打"√"）	优秀	良好	须努力
能及时、有效地记录调查结果			
能分工合作，顺利完成任务			

活动 3　噪声有什么危害？

一、活动简介

　　当噪声对人及周围环境造成不良影响时，就形成噪声污染。产业革命以来，各种机械设备的创造和使用，给人类带来了繁荣和进步，但同时也产生了越来越多而且越来越强的噪声。本活动旨在帮助学生关注日常生活中有利于消除噪声的科技新产品、新材料，意识到科学技术会给人类与社会发展带来好处，也可能产生负面的影响。

二、关键能力的培养

前瞻性的思考与行动能力：激励学生思考应对噪声的方式。

三、方法与手段

交流与合作的方法：以小组为单位，调查、交流噪声的危害。

四、活动材料

1. **活动材料与工具**：PPT、音频。
2. **活动任务单**：噪声危害调查。
3. **活动总评价表**："噪声危害调查"活动评价表。

小马达噪声体验

噪声计

五、活动方案

（一）活动时间：1 课时

（二）活动过程

学生活动	教师指导要点	要求说明
一、认识噪声的来源 1. 师：我们研究噪声，首先要找到它的来源。噪声来自哪里？ 学生回答：交通、生产、施工、社会生活…… 2. 师：交流我们教室中的噪声。 生：喧哗、乱跑、桌椅文具的响声……	教师可补充视频。	联系实际引入，激发学习兴趣。
二、认识噪声的危害 1. 师：我们周围存在着这么多的噪声，噪声既然是四大公害之一，那么噪声会给我们带来什么危害？下面就来交流一下课前搜集的有关资料，也可谈谈自己的切身体验。 2. 小测试。 师：刚才是资料的汇报，想不想亲自体验噪声的危害？下面我们来做一个小测试。在安静状态下，测一测 1 分钟的脉搏（或心跳）次数，然后听一段劲爆音乐，听后再来测一测 1 分钟的脉搏（或心跳）次数，对比一下，说说你有什么发现，并谈谈你的感受。	教师计时，学生测试。听劲爆音乐后再测试。安静时 86，听劲爆音乐后 97，感到头有点晕…… 学生回答：吸音、消音、隔音……	通过切身体验，使学生认识到噪声的危害。（见活动任务）
三、认识噪声的防治 1. 师：噪声给我们带来了这么大的危害，关于噪声你有什么想说的？ 生：防治噪声刻不容缓。 2. 师：根据你所知道的和查阅的资料，说一说怎样来防治噪声。 3. 师：关于噪声的防治，你还有哪些好的方法和建议？ 生：建议书、警示牌、手抄报、自己以身作则…… 4. 实验：减小噪声。 师：这是一个发声瓶，它是噪声的来源，老师给你们准备了一些材料（棉布、泡沫网袋、报纸），还可以利用你自己的材料，来减小它的噪声。 学生制作汇报。 师小结：课下还可以用其他方法来减小这个发声瓶的噪声。	教师可在小结时补充：其实任何事物都有两面性，噪声也不例外。它在给我们带来危害的同时，我们能不能利用它为我们服务？（板书：利用） 随着科技的发展，我们采用一些先进的技术去防治噪声，然后把噪声收集起来再利用。我相信，不久的将来，我们的生活环境将会更安宁、更和谐。	激励学生思考应对噪声的方式，培养学生前瞻性的思考与行动能力。

（三）活动任务

任务：噪声危害调查

1. 任务目标

认识噪声的危害。

2. 任务内容

分小组调查、交流噪声的危害。

我认为噪声的危害有：

1. _____
_____
2. _____
_____
3. _____
_____

"噪声危害调查"活动评价表

活动满意度（打"√"）	优秀	良好	须努力
问卷内容贴切			
问卷字迹工整			
结果来源合理			

活动 4　上课时你听清了吗?

一、活动简介

噪声不但会对听力造成损伤，还能诱发多种致癌、致命的疾病，也对人们的生活工作有所干扰。根据先前对校园中声音的分贝大小的测试，想出让我们听得更清楚的解决方法。

二、关键能力的培养

1. **理解与合作的能力**：小组合作进行观察、实验。
2. **激励自己和他人的能力**：小组成员一起做好计划，然后实施。

三、方法与手段

专业性的工作方式：观察、实验。

四、活动材料

1. **活动材料与工具**：PPT、测分贝仪器、棉布等。
2. **活动任务单**：研究怎样听得更清楚。
3. **活动总评价表**："研究怎样听得更清楚"活动评价表。

五、活动方案

（一）活动时间：2课时

（二）活动过程

学生活动	教师指导要点	要求说明
一、共鸣箱 交流：怎样使自己的声音更响？ 设想：怎样使棉线发出的声音更响？ 实验：使棉线发出的声音更响。 交流：实验结果。 解释：橡筋琴音盒的作用。	引导学生思考在不改变自己声响的基础上还有什么办法。 引导学生比较单独一根线与系在纸杯上的线的发声效果。 帮助学生解释，了解共鸣作用。	通过小组成员一起做好计划然后实施，进行实验，培养学生理解与合作的能力以及激励自己和他人的能力。
二、隔音箱 设想：减少盒内闹钟声音的办法。 预想：不同材料的隔音效果。 实验：用不同材料隔音。 比较：各种材料的隔音效果。	尽可能根据学生的设想提供材料。 要求学生保持室内安静，以保证实验效果。	通过小组成员一起做好计划然后实施，进行实验，培养学生理解与合作的能力以及激励自己和他人的能力。
三、减少噪声危害 讨论：怎样减少噪声？ 介绍：一些降低噪声的办法。 设计自己小组的隔音或放大声音的小装置，讨论其可行性，并将其中一些想法付诸行动，完成小制作。	鼓励学生有依据地异想天开。 利用录像，介绍方法，便于学生理解。	思考如何减少噪声，营造更健康的环境。

（三）活动任务

任务：研究怎样听得更清楚

1. 任务目标

研究使用哪些材料可以帮助我们听得更清楚。

2. 任务内容

分小组活动，研究如何能让我们听得更清楚。

需要的材料：_____

_____

我们的装置：_____

_____

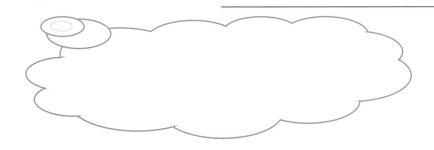

"研究怎样听得更清楚"活动评价表

活动满意度（打"√"）	优秀	良好	须努力
装置设计合理有效			
数据记录清晰有条理			

单元主题活动案例

主题五：校园的光与我们

阳光给地球带来光明和温暖，赋予万物勃勃生机，光与我们的生活息息相关。

光是不是越亮越好呢？

什么是光污染？它对什么有影响？它和我们的健康有关吗？

01 活动目录

活动 1　了解我们身边的光

活动 2　全球性光污染的危害

活动 3　校园中的光污染

活动 4　光为我们带来的利与弊

02 活动空间

在未来工作坊（扩展活动）中，学生将主题知识与未来的愿景和行动计划相融合，通过不同的行动改善问题。落实行动，整合各类资源，以行动为导向实现所学知识和所培养能力的迁移与可持续运用。

例如，在认识光的过程中，把生活中的常识与所学的主题知识结合起来，通过行动来改善问题，培养学生观察与思考的能力。

03 活动资源

校内合作

各学科的专业师资：语文、数学、美术、自然、音乐、信息技术等学科教师。

学校管理层、班主任、后勤。

校外合作

社区。

活动1　了解我们身边的光

<table>
<tr><td>一、活动简介</td><td>光同水和空气一样，是人类生存必不可少的元素。在了解光与人类健康以及其他各方面的关系之前，需要先了解一下我们身边无处不在的光。</td></tr>
<tr><td>二、关键能力的培养</td><td>1. **理解与合作的能力**：小组合作进行观察和实验。
2. **激励自己和他人的能力**：小组成员一起做好计划，然后实施。</td></tr>
<tr><td>三、方法与手段</td><td>**行动指向的方法**：通过探究我们身边的光，培养学生观察与思考的能力。</td></tr>
<tr><td>四、活动材料</td><td>1. **活动材料与工具**：PPT、多媒体、室内光线、室外光线。
2. **活动任务单**：探究我们身边的光。
3. **活动总评价表**："探究我们身边的光"活动评价表。</td></tr>
<tr><td>五、活动方案</td><td>**（一）活动时间：1课时**

（二）活动过程</td></tr>
</table>

学生活动	教师指导要点	要求说明
一、导入 　师生问好后，教师悄悄地把灯关掉，问："同学们，感觉教室里怎样？"同学们很容易说出教室很暗。"怎样才能让教室亮起来，你能帮老师想个好办法吗？" 　同学们想出这么多办法，都和什么有关呢？（学生简单汇报） 　今天就让我们一起走近光、认识光。	让学生想办法，说一说并做一做。 （学生自由汇报）	通过实例引入，激发学生的学习兴趣。
二、认识光源 师：光与我们的生活密切相关，想一想，哪些物体会发光呢？ 师：是吗？在漆黑的夜里，镜子在发光？那你能看见镜子吗？ 生：（笑了）看不到。 师：树有根，水有源。光也有个源头，大家刚才讲的这些发光体，我们把它作光源。像太阳、星星这一类光源属于自然光源；像电灯、点燃的蜡烛等，这一类光源，你能给它们起个名字吗？ 生：叫人造光源吧。 师：很好。那萤火虫、水母等一部分生物也能发光，它们叫什么好呢？	通过提问的方式，引导学生认识、判断不同种类的光源及其特点。	小组成员一起做好计划然后分工合作，进行网络调查。

（续表）

学生活动	教师指导要点	要求说明
生：生物光源。 师：光在生活中的应用非常广泛，你知道什么时候需要光？哪些地方需要光？ 生：晚上做作业需要光。 学生活动：网络调查光在生活中的应用。 师：在生活、生产、医疗、军事等方面都需要光，光带给我们一个丰富多彩的世界，没有了光，世界一片黑暗，人类将无法生存。	引导学生思考光在生产生活中的应用。	培养学生理解与合作的能力。（见活动任务）
三、总结 教师播放课件并小结：动物、植物和人都离不开光。	引导学生思考，讨论所思、所学。	总结提升。

（三）活动任务

任务：探究我们身边的光

1. 任务目标

思考光对我们的帮助。

2. 任务内容

分小组活动，根据调查表的内容进行调查研究，并作记录。

我们发现光在生活中可以帮助我们做很多事情：

_____

_____

_____

_____

_____

"探究我们身边的光"活动评价表

活动满意度（打"√"）	3件以上	1~2件	没有想到
想到了几件光可以帮助我们做的事			

活动2　全球性光污染的危害

一、活动简介

光污染是继废气、废水、废渣和噪声等污染之后的一种新的环境污染。光污染问题最早于 20 世纪 30 年代由国际天文学界提出，他们认为光污染是城市室外照明使天空发亮造成对天文观测的负面的影响。光污染防治是一个全球性的环境问题，研究与控制光污染已成为国际学术界关注的焦点。

二、关键能力的培养

前瞻性的思考与行动能力:鼓励学生进一步思考光污染的危害。

三、方法与手段

专业性的工作方式: 观察、实验。

四、活动材料

1. **活动材料与工具:** 图片和视频资料、小报、镜子、火柴。
2. **活动任务单:** 研究校园里的光。
3. **活动总评价表:** "研究校园里的光"活动评价表。

五、活动方案

（一）活动时间: 1 课时

（二）活动过程

学生活动	教师指导要点	要求说明
一、导入 学生回忆上节课的内容，并提问。	教师应重点关注学生对上节课知识的理解掌握情况。	使学生了解光污染的原因、危害及一些防治措施，培养学生热爱自然、保护环境的思想。
二、光污染 什么是光污染? 列举一些光污染现象。 说出一些防治光污染的方法。	引导学生自主调查相关资料。	引导学生从小事做起，增强学生的环保意识。

（续表）

学生活动	教师指导要点	要求说明
实验探究： 　1. 小组合作做镜面反射和划火柴实验，直观感受光污染。 　2. 观看多媒体，小组讨论；某一小组回答，其他小组认真听并补充。	引导学生思考并回答提出的问题。	培养学生良好的思考习惯。
三、总结 1. 为了防治光污染，生活中你应该怎么做？ 2. 我们自己身边有没有光污染？ 3. 归纳总结学习本活动的收获。	总结光污染的原因、危害及防治办法。	向学生渗透不利的自然条件是可以被改造和利用的科学自然观教育，培养学生前瞻性的思考与行动能力。

（三）活动任务

任务：研究校园里的光

1. 任务目标

研究校园中的光照情况。

2. 任务要求

分小组活动，记录校园各处的光照情况和主要光源。

校园里的光调查记录

地点	光照度	主要来源
教室		
操场		
音乐教室		
劳技教室		

"研究校园里的光"活动评价表

活动满意度（打"√"）	优秀	良好	须努力
能及时、清楚地记录调查结果			
能分工合作，完成校园中的光照情况调查			

活动 3　校园中的光污染

一、活动简介

当前，我国有的地方光污染现象时有发生，有的地方光污染的危害程度有逐渐加剧的趋势。在我们身边的校园中，也存在光污染现象。通过自主探究，自己找出校园中的光污染，能够帮助学生找到它与人类健康以及生活的关系，有利于为光污染找到更好的解决方式。

二、关键能力的培养

1. **理解与合作的能力**：小组合作进行观察、实验。
2. **激励自己和他人的能力**：小组成员一起做好计划，然后实施。

三、方法与手段

反思的方法：了解光污染及光污染的防范措施，在此基础上寻找校园中的光污染并提出改进建议。

四、活动材料

1. **活动材料与工具**：PPT、调查问卷。
2. **活动任务单**：调查校园中的光污染。
3. **活动总评价表**："调查校园中的光污染"活动评价表。

五、活动方案

（一）活动时间：2 课时

（二）活动过程

学生活动	教师指导要点	要求说明
一、导入 有谁知道光的作用？它会产生哪些危害？ 学习光污染的分类。 知道什么是白亮污染、人工白昼、彩光污染。	国际上一般将光污染分成三类：白亮污染、人工白昼和彩光污染。 简单介绍白亮污染、人工白昼、彩光污染及其危害性。	通过学习，让学生明白光给人们带来的便利及危害。
二、光污染的防范措施 讨论交流防范光污染的措施。	出示课件（光污染的防范措施）。	掌握光污染的防范措施，提高学生的环保意识。
三、反思 1. 对于《乱用远光灯，交警推出执法奇招引质疑》这则新闻，你认为警察叔叔的做法对吗？假如你也是一名警察，你会怎么做呢？	创设情景，引发学生的思考。	通过小组合作调查校园中的光污染并提出建议。

学生活动	教师指导要点	要求说明
2. 在日新月异的今天，光污染已经严重威胁我们正常的生活。作为 21 世纪的小学生，面对光污染，我们该怎么办呢？假如你现在准备给相应的管理部门写一封信，你会提出哪些宝贵的意见呢？ 在我们的校园中有哪些光污染的现象？ 找出我们校园中的光污染，讨论解决或改善的方案。	列举校园中的光污染现象。	培养学生理解与合作的能力及激励自己和他人的能力。

（三）活动任务

任务：调查校园中的光污染

1. 任务目标

研究校园中的光污染。

2. 任务内容

寻找校园中的光污染并提出建议。

我的建议

"调查校园中的光污染"活动评价表

活动满意度（打"√"）	优秀	良好	须努力
主题调查内容贴切			
字迹书写工整			
建议合理有效			

活动 4　光为我们带来的利与弊

一、活动简介

利用主题辩论的方式提高学生分析问题、解决问题的能力，便于找出利与弊之间的平衡点。尽管光污染目前还没有明确的界定标准，但目前在城市商业繁华区安装的电子显示屏，以及商场、KTV 等娱乐场所广泛使用的霓虹灯，包括我们日常使用的照明灯，如果光线太亮，都会给人们的生活造成不便。

二、关键能力的培养

1. **理解与合作的能力**：小组合作进行辩论。
2. **激励自己和他人的能力**：小组成员一起做好计划，然后实施。

三、方法与手段

专业性的工作方式：辩论。

四、活动材料

1. **活动材料与工具**：PPT、正反方辩论资料。
2. **活动任务单**：小小辩论赛。
3. **活动总评价表**："光为我们带来的利与弊"活动总评价表。

五、活动方案

（一）活动时间：2课时

（二）活动过程

学生活动	教师指导要点	要求说明
一、联系生活，谈话引入 1. 你认为光污染源指的是什么？有什么危害？ 2. 光对我们有什么作用？ 3. 光对我们来说究竟是有利的还是有害的？我们可以展开辩论，通过摆事实、讲道理来丰富认识，帮助我们平衡和处理问题。	课件出示： 商业街的霓虹灯、灯箱广告和灯光标志。广告灯、霓虹灯、汽车的车灯、电焊弧光；舞厅的黑光灯、旋转灯、荧光灯等。长时间在白色光亮污染环境下工作和生活的人，视网膜和虹膜都会受到不同程度的损害，视力急剧下降，白内障的发病率高达45%；还会导致头晕心烦，甚至失眠、食欲下降、情绪低落、身体乏力等类似神经衰弱的症状。	阐明为什么要开展辩论。在导入环节，举出一些容易产生分歧的问题，让学生明白辩论的必要性：真理愈辩愈明。
二、分组合作辩论 1. 抽签决定做正方还是反方。 2. 指导辩论。	可播放视频。	通过小组成员一起做好计划然后分工合作，进行网络调查。
三、了解流程，尝试辩论 1. 辩论准备。 　分好了正方和反方两个小组后，接下来根据观点整理、归纳资料。如果材料很多，可以把要点记在卡片上。 2. 辩论指导。 怎样做到既要证明自己，又要反驳别人？	课件出示： 己方陈述时，要充分利用时间，清晰表述观点。	利用主题辩论的方式提高学生分析问题、解决问题的能力，更便于找出利与弊之间的平衡点。

（续表）

学生活动	教师指导要点	要求说明
3. 尝试辩论。 （1）小组主持人宣布辩论会开始：简要说明辩论会的有关规则，注意辩论时先表明自己的观点，然后说出理由，进行辩论。 （2）流程： A. 各方辩论人表明观点。 B. 自由辩论：此时双方争先恐后，各抒观点。 各方三辩总结陈述，重申所持观点的正确。 （冷场或卡壳，主持人负责调控）	对方陈述时，要注意倾听，抓住对方的漏洞。 自由辩论时，进一步强调己方观点，并针对对方观点进行有效的反驳。	提升学生理解与合作以及激励自己和他人的能力。 （见活动任务）
四、师生交流，总结评价 1. 评议总结，升华认识。 （1）在辩论过程中哪些同学表现得特别出色？ （2）我们学到了什么？ 2. 有哪些地方可以做得更好？学生讨论后归纳总结。	课件出示： ★ 我们学到了组织一次简单的辩论会的方法，了解了辩论的常识。 ★ 学会辩证地看待问题。 ★ 懂得说话要有理有据，善于表达自己的观点。 课件出示： ★ 注意听出别人讲话中的矛盾或漏洞。 ★ 抓住漏洞进行反驳，注意用语的文明。	表扬在辩论中表现出色的学生，既起到了激励作用，也给其他学生树立了榜样；找出不足，总结经验；积累收获，共同提高。
3. 小结：在光给我们带来的利与弊之间找到平衡点，更好地保护我们自己的健康，才是更好的方法。 拓展：你有什么减少光污染的好方法吗？	学生回答后出示视频或图片进行小结。	增强解决实际问题的能力，增强学生环保意识。

（三）活动任务

任务：认识光为我们带来的利与弊

1. 任务目标

正确认识光为我们带来的利与弊。

2. 任务内容

分为两个辩论小组，分工合作，进行辩论赛。

光为我们带来的利与弊

辩论依据：_____方（正 / 反）

_____

_____

_____

_____

_____

_____

_____

"光为我们带来的利与弊"活动总评价表

活动满意度（打"√"）	优秀	良好	须努力
论据收集充分			
论证合理，有说服力			

参考文献

1. 范蔚，李宝庆．校本课程论：发展与创新［M］．北京：人民教育出版社，2011．

2. 潘惠琴，常生龙．现代学校课程与教学的有效管理［M］．上海：同济大学出版社，2012．

3. 王建萍．走进科普乐园保护生态环境——江苏省昆山市玉山镇朝阳小学生态文明教育纪实［J］．环境教育，2017（3）：108．

4. 伍孝江．学校环境与教育生态［J］．教育理论与实践，1994（1）：51-52．

5. 周建国．人人拥有一颗"环保心"——浙江省绍兴市柯桥区夏履镇中心小学生态环境教育纪实［J］．环境教育，2016（5）：90．

6. 杜亚丽．中小学生态课堂的理论与实践研究［D］．长春：东北师范大学，2011．

7. 肖征．国内外学校—社区环境教育模式的比较研究［D］．重庆：西南大学，2009．

8. 张国祯．建构生态校园评估体系及指标权重［D］．上海：同济大学，2006．

9. 马璐．小学生生态文明教育研究［D］．晋中：山西农业大学，2014．

10. 翟金德．论现代城市公民的生态素养及其培育［D］．南京：南京林业大学，2011．

11. 蒋建华．营造负责任的教育生态环境［N］．江苏教育报，2013-08-09（005）．

12. 黄强．生态教育：立足现在走向未来的教育［N］．文汇报，2010-01-26（010）．

13. 王柏玲，桑标．应当重视中小学生心理发展生态环境［N］．文汇报，2001-02-19（005）．

14. 林崇德.21世纪学生发展核心素养研究［M］．北京：北京师范大学出版社，2016．

15. 中华人民共和国教育部．教育部关于印发《中小学德育工作指南》的通知［R/OL］.(2017-08-22)［2019-10-10］.http://www.moe.gov.cn/srcsite/A06/s3325/201709/t20170904_313128.html．

16. Bohn, A./ Kreykenbohm, G./ Moser, M./ Pomikalki, A. (2002): Handreichung zur Modularisierung und Einführung von Bachelor- und Masterstudiengängen. Erste Erfahrungen und Empfehlungen aus dem BLK- Modellversuchsprogramm „Modularisierung " Heft 101. Bonn

17. Brüning, B. (2001): „Philosophieren in der Grundschule. Grundlagen – Methoden – Anregungen. " Cornelsen- Verlag Scriptor GmbH & Co. KG, Berlin

18. Brenifier, O. (2010): „Freiheit. Was ist das? " Boje- Verlag GmbH, Köln

19. Burow, O./ Neumann- Schönwetter, M. (1997): Zukunftswerkstatt in Schule und Unterricht. Hamburg

20. de Haan, G. (2009): Bildung für Nachhaltige Entwicklung für die Grundschule. Forschungsvorhaben Bildungsservice des Bundesumweltministeriums. Berlin

21. Eder, U. (2010): Methodenmappe zum Thema Klimagerechtigkeit. Hamburg

22. Freudenreich, D. (1997): Kooperation – Lernen durch Rollenspiele. 1. bis 4. Schuljahr. München

23. Fröhlich, M. (2004): „Philosophieren mit Kindern. " LIT- Verlag, Münster

24. Gudjons, H. (1987): Handlungsorientierung als methodisches Prinzip im Unterricht. In: WPB 5/ 1987, S. 8

25. Herb, K./ Höfling, S./ Wiesheu, R. (2007): „Kinder philosophieren. ", Hanns- Seidel- Stiftung e.V., München

26. Jungk, R./ Müllert, N. (1989): Zukunftswerkstätten. Mit Phantasie gegen Routine und Resignation. München

27. Killermann, W./ Hiering, P./ Starosta, B. (2013): Biologieunterricht heute. Eine moderne Fachdidaktik.

28. Künzli David, C./ Bertschy, F./ de Haan, G./ Plesse, M. (2008): Zukunft gestalen lernen durch Bildung für nachhaltige Entwicklung. Didaktischer Leitfaden zur Veränderung des Unterrichts in der Primarstufe. Berlin

29. Künzli David, C. (2007): Zukunft mitgestalten: Bildung für eine nachhaltige Entwicklung – Didaktisches Konzept und Umsetzung in der Grundschule. Bern

30. Langner, T. (2011): Klimadetektive in der Schule. Eine Handreichung. Stralsund

31. Martens, E. (2004): „Philosophieren mit Kindern. Eine Einführung in die Philosophie. " Reclam, Ditzingen

32. Meyer, H. (1996): Unterrichtsmethoden II. Frankfurt a. M.

33. Möller, K. (2006): Handlungsorientierung im naturwissenschaftlichen Sachunterricht mit dem Ziel den Aufbau von Wissen zu unterstützen. In: Klupsch- Sahlmann, R. u.a. (Hrsg.): Handbuch Kindheit und Schule. Neue Kindheit, neues Lernen – anderer Unterricht. Weinheim und Basel, S. 273 – 282

34. Rude, C. (2011): „Praxisleitfaden Kinder philosophieren für Kindertageseinrichtungen und Schulen.＂Akademie Kinder philosophieren im Bildungswerk der Bayerischen Wirtschaft e.V., Freising

35. Seifert, A./ Zentner, S./ Nagy, F. (2012): Praxisbuch Service- Learning. Weinheim

36. Sliwka, A. (2004): Service Learning: Verantwortung lernen in Schule und Gemeinde. In: Edelstein, W./ Fauser, P. (Hrsg.): Beiträge zur Demokratiepädagogik. Eine Schriftenreihe des BLK- Programms „Demokratie lernen und leben.＂Berlin

37. Thurn, B. (1996): Lerherbücherei Grundschule: Mit Kindern szenisch spielen. Spielfähigkeit entwickeln. Pantomimen, Stegreif- und Textspiele. Von der Idee zur Aufführung. Berlin

38. Transfer 21/ „AG Qualität & Kompetenzen＂: (2007): Orientierungshilfe Bildung für nachhaltige Entwicklung in der Sekundarstufe I – Begründungen, Kompetenzen, Lernangebote. Berlin

致谢

  本丛书的汇编与出版，凝聚了中外专家、专业单位和基地学校的鼎力支持与共同探索，教师和学生的积极参与和创新探究更是推动活动类课程开发与教学设计的源泉。

  在此，我们特别感谢德国帕绍大学克里斯蒂娜·汉森教授和凯瑟琳·普朗克博士研制的"环境教育活动课程开发模型"，对课程内容、关键能力的培养和环境教育教学法等进行了范例解读，对课程的开发与实施过程进行了科学的监测与评估，并针对基地学校教师开展了一系列的研讨与培训等工作。

  另外，我们衷心感谢长期从事环境教育的上海市教育委员会教学研究室原副主任赵才欣先生和华东师范大学陈胜庆教授。作为基地学校环境教育课程开发、实施的指导专家，他们对德方提供的理论系统框架、专业内容以及评估标准进行本土化的诠释，并定期走访基地学校，对课程的实践应用进行针对性的教学指导与研讨，积极推动学生实践活动的开展，有效地保障了课程开发的进展与质量。

  同时，我们非常感谢德国汉斯·赛德尔基金会引进这个国际项目，并全面协调组织课程的开发。感谢浙江省中小学教师与教育行政干部培训中心、浙江外国语学院、华东师范大学、上海师范大学、上海市教委教研室、上海市普陀区青少年活动中心、上海市气象局、上海市辐射监督站、中国南北极研究所、世界自然基金会、创先泰克、洋铭科技等单位和专业机构的支持，以及有关专家与专业人士在课程开发与教学实践过程中给予的指导、资源共享、场地支持等无私帮助！

  衷心致谢参与本次环境教育课程研发与丛书编写的上海基地学校团队。

周卫萍校长	上海市普陀区恒德小学
计飞鸣校长	上海市浦东新区凌桥小学
益　勤校长	上海市浦东新区凌桥小学
张国勤校长	上海市金山区兴塔小学
吕华琼校长	上海市长宁区天山第一小学
沈　涓书记	上海市长宁区天山第一小学
虞宏逸校长	上海市普陀区朝春中心小学
黄建平校长	上海市普陀区朝春中心小学
杨　荣校长	上海市实验小学

李　琳校长　　　上海市浦东新区金新小学
黄云峰校长　　　上海市浦东新区金新小学
胡　蓉校长　　　上海市长宁区愚园路第一小学
苏　虹书记　　　上海市长宁区愚园路第一小学
周鹤珍副书记　　上海市长宁区愚园路第一小学
卞松泉校长　　　上海市杨浦区打虎山路第一小学
孙纳新校长　　　上海市普陀区武宁路小学

特别致谢上海市师资培训中心领导对项目落地与开展的支持、关爱和帮助，以及同仁们专业的指导和建议。

上海市师资培训中心
中德环境教育国际研发项目组
2019 年 12 月

附录1 主编与专家简介

　　陈胜庆，华东师范大学教授，特级教师，曾任华东师范大学第二附属中学副校长、华东师范大学张江实验中学校长，全国地理教学研究会副理事长兼秘书长，上海市名师培养基地主持人，教育部《科学课程标准》研制组专家、住建部《绿色校园国家标准》编制组编委。主编《绿色探索者》《中小学低碳教育读本》《让天空更蓝》等环境教育类教材和读本。中德环境教育国际合作项目组中方专家，承担指导基地学校进行环境教育课程研发、教师培训和成果评估等工作。

　　克里斯蒂娜·汉森（Christina Hansen），博士，毕业于维也纳大学教育心理学专业。任职于德国帕绍大学，基础教育学和教学法讲席教授，帕绍大学教师教育中心副主任，教师实践研究中心负责人，帕绍大学师范生考试委员会主席。研究重点：多元化研究、天赋促进教育、教育空间发展、教师教育国际化。中德环境教育国际研发项目组德方专家，建构环境教育课程开发理论模型，开展与项目相关的学术指导和项目评估等工作。

　　华夏，毕业于德国美因茨大学（Johannes Gutenberg University Mainz），教育学与音乐学专业。任职于上海市师资培训中心，境外交流合作部主任，副研究员。研究重点：教师教育国际化、课程与教学。德国帕绍大学可持续发展国际合作项目专家，德国汉斯·赛德尔基金会可持续发展教育领域资深专家，浙江外国语学院德国研究中心专家。中德环境教育国际研发项目组成员，主持课程理论模型与学术理论的研究与实践，对基地学校开展课程开发与实践的阶段性指导、教师培训，以及成果评估等工作。

　　凯瑟琳·普朗克（Kathrin Plank），博士，德国帕绍大学研究员。研究重点：多元化研究、教育公平、参与性教育空间发展、教师教育国际化。中德环境教育国际研发项目组德方专家，诠释环境教育课程开发理论模型的核心内容，开展基地学校教师培训和项目评估等工作。

　　曲莉雯，毕业于上海师范大学音乐教育专业。任职于上海市师资培训中心，长期从事教师教育与培训方面的专业工作。德国帕绍大学可持续发展国际合作项目组成员，德国汉斯·赛德尔基金会可持续发展教育领域指导专家，中德环境教育国际研发项目组成员，指导各省市相关基地学校通过环境教育项目开展环境教育的课程创新、教学实践、教师培训与队伍建设。结合中德环境教育项目以及多年教师教育与培训工作的思考和实践，在《现代基础教育研究》上发表了《小学环境教育课程的创新研发与教学实践——以"中德环境教育国际合作项目"为例》专题论文。

赵才欣，曾任上海市教育委员会教学研究室副主任，特级教师。中国教育学会地理教学专业委员会常务理事。研究重点：课程与教学、地理教研和环境教育。曾主持上海市环境教育协调委员会中小学办公室工作。中德环境教育国际研发项目组中方专家，指导基地学校进行环境教育课程研发、教师培训和成果评估等工作。

赵洁慧，任职于上海市师资培训中心，中心党委副书记，副研究员。研究重点：教师教育与在职培训。中德环境教育国际研发项目组中方专家，负责项目开展的阶段性学术指导和统筹协调工作。

周增为，任职于上海市师资培训中心，中心党委书记、主任，特级教师，正高级教师。教育部思想品德与思想政治课教材审查成员，国培计划专家库成员。上海市名师培养基地主持人，上海市德育实训基地主持人。上海市教师学研究会德育与政治专业委员会副主任，上海市伦理学会常务理事。研究重点：师德与德育、教师教育与在职培训。中德环境教育国际研发项目组中方专家，负责项目开展的阶段性学术指导工作。

附录 2　参编基地学校简介

丛书 1：《 气候变化与环境保护 》

《生活中的节能减排》

上海市普陀区恒德小学，是一所在全国有影响力的气象科普特色学校。学校坚持"为每一个学生的生命成长奠基"的办学使命和"自主学习、和谐发展、奠基人生"的办学理念，倾心培育"有恒心、有德性、善学习、能创新"的恒德学子，全力营造"恒为贵，德润身"的学校文化。2016 年学校成为中德环境教育国际研发项目基地学校，努力推进教育国际化、现代化，在国际化理念和全球化视野的引领下，深入开发环境教育校本课程，探索更多更好的活动载体，为学生参与环境保护提供更大空间，使环境教育渗透各个学科，让环境保护落实到每个学生的行动中。学校先后获上海市节约用水示范学校、全国节能减排与可持续发展社会行动项目示范学校、中国中小学气候教育变化行动学校、全国气象科普教育基地——示范校园气象站、国际生态绿旗学校、联合国教科文组织中国可持续发展教育项目国家实验学校等荣誉称号。

《护水小达人》

上海市浦东新区凌桥小学，创建于 1916 年。多年来遵循"尚美至善，快乐和谐"的八字校风，致力于创建"文明、整洁、清新、和谐"的校园环境。2008 年以区级课题"农村小学开展环境教育的实践与研究"为引领，开展了素质教育实验校的实践研究，并初步形成了环境教育的学校特色。2015 年学校成为中德环境教育国际研发项目基地学校，在接受国内外环境教育先进课程理念的同时，将育人理念植入具有学校教育教学特色的校本课程"走进绿色"中，为学校特色校本课程做了更加系统、深入、有效地梳理与拓展。学校先后获上海市雏鹰大队、上海市花园单位、全国红领巾科普创新示范校、全国红旗大队、全国环境教育示范学校等荣誉称号。

丛书 2：《生物多样性与生态系统》

《保护野生动物》

上海市金山区兴塔小学，创建于 1906 年。学校地处上海远郊，始终坚持"以人为本，追求优质"的办学理念，努力把学校建设成环境优美的花园、书香飘溢的乐园、师生成长的家园，争创一流的农村小学。学校从 20 世纪 90 年代起就开展环境教育的实践探索，2015 年学校成为中德环境教育国际研发项目基地学校，结合乡土特色，研究开发针对小学生的环境教育校本课程及活动手册,开展了以"保护野生动物"为主题的一系列环境教育活动,培养学生的环境意识,促使学生掌握初步的环保知识技能。学校先后获上海市首批文明校园、上海市科技特色示范学校、上海市绿色学校、全国雏鹰大队、全国书法教育实验学校、全国青少年校园足球特色学校等荣誉称号。

《微生态创客空间》

上海市长宁区天山第一小学,坐落在长宁区茅台路 109 号,创建于 1952 年。在六十八年的办学历程中,学校始终坚守义务教育的使命,坚持以师生发展为本,秉承传统,不断创新,逐渐形成了底蕴丰厚、特色鲜明、质量显著的发展格局。作为长宁精品城区里的一所公办小学,被教育局定为教育国际化办学实验学校以来的十年,借助"未来学习中心"的创建和发展,由点到面,尝试在全学科探索实践,深入研究认知与探究相融合的学习方式。2015 年,学校成为中德环境教育国际研发项目基地学校,全面推进"天一"环境教育项目发展。用项目促进学生学科素养和综合素养的发展,转变并融通学习方式,组织学生在深度的项目化学习中将认知与探究相结合,培养学生的高阶思维,追求学生的个性发展。中德环境教育项目促进了"天一"学生与世界的联系和沟通,增强了他们的全球意识和国际交往能力。让学生意识到自己生在中国但同时也处于世界之中,人类命运是一个全球化的共同体。学校先后获上海市文明校园、上海市提升中小学(幼儿园)课程领导力行动研究项目学校、上海市儿童基础素养研究种子学校、上海市外语类及外语特色联盟校成员、上海市信息化应用标杆培育校、上海市科技先进学校、上海市绿色学校以及国际生态绿旗学校等荣誉称号。

丛书 3:《资源管理与利用》

《小小水管家》

上海市普陀区朝春中心小学,是上海市普陀区一所大型的公办学校。2015 年学校成为中德环境教育国际研发项目基地学校,学校围绕"自主发展,追求进步"的办学理念,树立可持续发展的意识,进行环境教育校本课程建设。汲取国内外先进的教育教学方法,广泛开展环境教育活动,切实培养学生环境意识,养成良好环境行为习惯,促进学生素质全面提高。学校先后获上海市文明单位、上海市素质教育实验学校、上海市艺术教育特色学校、国际生态绿旗学校等荣誉称号。

《让垃圾变资源》

上海市实验小学，是一所百年名校，创立于1911年。学校坚持"三个面向"，坚持开放的教育理念，不断开展教育教学实验研究，致力于全面实施素质教育。2015年学校成为中德环境教育国际研发项目基地学校，进行环境教育校本课程建设，将环境教育由活动提升为课程，更加关注每一名学生的学习体验与感悟，乃至行为的转变，从而真正做到关注环境、主动保护环境，有效提升学生的环保素养。学校先后获上海市文明单位、上海市教科研先进集体、上海市花园单位、上海市绿色学校、全国特色学校等荣誉称号。

丛书4:《校园生态与环境探究》

《走进身边的生态》

上海市浦东新区金新小学，创建于1996年。学校多年来坚持走"和谐治校、质量治校""科技兴校、特色强校"的内涵发展之路，以"让每一个学生都能健康快乐地成长"为办学宗旨，以"生态环境教育浸润在学校教育全过程"为办学理念，环境教育成为学校的办学特色。2015年学校成为中德环境教育国际研发项目基地学校，将环境教育的目标与金新小学的办学理念结合在一起，研发校本课程，融入"以人的教育为本"的育人价值，发挥项目的探索与延伸、辐射与引领作用。学校先后获浦东新区素质教育实验校、区科技教育特色学校、区绿色学校、区低碳先行优秀学校等荣誉称号。

《校园环境探究》

上海市长宁区愚园路第一小学，是一所具有七十多年历史的学校，具有良好的环境教育基础。2015年学校成为中德环境教育国际研发项目基地学校，以"环境与健康"作为主线，将环保教育融入课堂。学校注重培养学生的科学环保意识，为学生搭建时时处处培养环保精神的舞台，探索在潜移默化中渗透环保教育的途径与方法。学校在公共教育服务视野下，树立"幸福而卓越"的办学价值观，落实"在合作氛围中自主成长，在和谐校园中全面成长，在文化熏陶中幸福成长"的办学理念，持续培育合作文化，追求幸福而卓越的教育。学校先后获上海市绿色学校、全国绿色学校、国际生态绿旗学校等荣誉称号。

图书在版编目（CIP）数据

校园生态与环境探究 / 上海市师资培训中心编. — 上海:上海
教育出版社, 2020.5
ISBN 978-7-5720-0022-5

Ⅰ.①校… Ⅱ.①上… Ⅲ.①环境教育－教学研究 Ⅳ.①X-4

中国版本图书馆CIP数据核字(2020)第079704号

责任编辑　茶文琼　汪海清
书籍设计　陆　弦
印装监制　朱国范

校园生态与环境探究
上海市师资培训中心　编

出版发行　上海教育出版社有限公司
官　　网　www.seph.com.cn
地　　址　上海市永福路123号
邮　　编　200031
印　　刷　上海锦佳印刷有限公司
开　　本　890×1240　1/16　印张 8.75
字　　数　195 千字
版　　次　2020年6月第1版
印　　次　2020年6月第1次印刷
书　　号　ISBN 978-7-5720-0022-5/G·0017
定　　价　48.00 元

如发现质量问题，读者可向本社调换　电话：021-64377165